山东省第二次全国污染源普查数据审核实例剖析

王琳琳　庄云飞　薛晓东　李玉涵　著

中国环境出版集团·北京

图书在版编目（CIP）数据

山东省第二次全国污染源普查数据审核实例剖析/王琳琳等著. —北京：中国环境出版集团，2020.8

ISBN 978-7-5111-4401-0

Ⅰ. ①山… Ⅱ. ①王… Ⅲ. ①污染源调查—案例—山东 Ⅳ. ①X508.252

中国版本图书馆 CIP 数据核字（2020）第 146641 号

出 版 人 武德凯
责任编辑 曲 婷
责任校对 任 丽
封面设计 彭 杉

出版发行 中国环境出版集团
（100062 北京市东城区广渠门内大街 16 号）
网 址：http://www.cesp.com.cn
电子邮箱：bjgl@cesp.com.cn
联系电话：010-67112765（编辑管理部）
发行热线：010-67125803，010-67113405（传真）

印 刷 北京中献拓方科技发展有限公司
经 销 各地新华书店
版 次 2020 年 8 月第 1 版
印 次 2020 年 8 月第 1 次印刷
开 本 787×960 1/16
印 张 8.25
字 数 120 千字
定 价 28.00 元

前言

全国污染源普查是重大的国情调查。国务院于 2007 年 10 月 9 日，以第 508 号令颁布了《全国污染源普查条例》，规定每十年开展一次全国污染源普查工作。2007—2009 年，第一次全国污染源普查工作的顺利完成，为“十二五”和“十三五”环境保护政策、规划的制定提供了重要的数据支撑。党的十八大以来，以习近平同志为核心的党中央把生态文明建设和生态环境保护工作摆上更加突出的战略位置，提出了一系列新理念、新思想、新战略。在党的十九大报告中，习近平总书记从党和国家事业发展的全局高度和长远角度，对生态文明建设和生态环境保护工作作出系统部署，明确要求解决突出环境问题，建设美丽中国。第一次全国污染源普查结束后的十年时间里，山东省社会经济结构、城市空间布局、工业生产规模和生活消费习惯等都发生了巨大变化，其相应的污染源类型、分布、性质等也发生了很大变化。经过持续的污染治理，规模以上工业企业污染源基本得到有效监管，但农村面源、非道路移动源以及小型企业游离于正常监管之外，存在底数不清的问题。近年来，臭氧污染问题愈加突出，在夏季已取代 $PM_{2.5}$ 成为多个城市的首要污染物；少数河流断面水质出现反弹，个别城市集中式饮用水水源地水质不稳定。为解决这些问题，必须厘清污染源与环境质量的关系，底数清，才能方向明，问题清，方能措施准。党的十八届五中全会以来，大数据上升为国家战略，大数据在生态环境建设中的应用也得到政府部门、研究机构和企事业单位的高度重视，污染源普查数据是生态环境大数据的重要组成部分。综上所述，开展全国污染源普查、全面掌握污染源情况，是贯彻落实中央决策部署、做好新时代生态环境保护工作的具体行动。

数据质量是污染源普查工作的生命，是衡量普查成功与否的标准，山东省始终把“数据准不准、对象全不全”放在工作首位。在实际工作过程中，结合全省实际情况，注重利用信息化手段开展数据审核，注重审核细则、审核方案等引领性文件的制定，注重发挥行业专家的力量，做好重点行业企业审核，注重与现有宏观统计数据的比对分析，这些工作都是山东省数据审核过程中的亮点，也是数据审核过程中行之有效的技术手段。本书用通俗易懂的描述，将普查各阶段中山东省数据审核方面好的经验和做法进行归纳、总结，提炼成实务性案例，力争为生态环境各类统计、调查工作提供数据审核经验参考。

目 录

1 污染源普查概况

全国污染源普查是重大的国情调查，《全国污染源普查条例》规定每十年开展一次全国污染源普查工作。2007—2009 年，第一次全国污染源普查工作的顺利完成，为“十二五”和“十三五”环境保护政策、规划的制定提供了重要的数据支撑。2016 年 10 月，国务院下发《关于开展第二次全国污染源普查的通知》，成立了全国普查工作领导小组。2017 年 9 月，国务院办公厅又印发了《第二次全国污染源普查方案》，对普查工作作出了全面部署。国务院启动第二次全国污染源普查工作以来，为做好山东省第二次全国污染源普查工作，2018 年 1 月，省政府办公厅印发了《山东省第二次全国污染源普查实施方案》，5 月 16 日，省政府召开了全省第二次全国污染源普查工作会议，对普查工作进行再部署，全省污染源普查各项工作稳步推进。

1.1 普查工作目标

摸清全省各类污染源基本情况，了解污染源数量、结构和分布状况，掌握全省、区域、流域、行业污染物产生、排放和处理情况，建立健全重点污染源档案、污染源信息数据库和环境统计平台，为加强污染源监管、改善环境质量、防控环境风险、服务环境与发展综合决策提供依据。

1.2 普查时点、对象、范围和内容

1.2.1 普查时点

普查标准时点为2017年12月31日，时期资料为2017年度资料。

1.2.2 普查对象与范围

普查对象为山东省内有污染源的单位和个体经营户。范围包括：工业污染源，农业污染源，生活污染源，集中式污染治理设施，移动源及其他产生、排放污染物的设施。

（1）工业污染源。普查对象为产生废水污染物、废气污染物及固体废物的所有工业行业产业活动单位。对可能伴生天然放射性核素的8类重点行业15个类别矿产的采选、冶炼和加工产业活动单位进行放射性污染源调查。

对国家级、省级开发区中的工业园区（产业园区），包括经济技术开发区、高新技术产业开发区、保税区、出口加工区等进行登记调查。

（2）农业污染源。普查范围包括种植业、畜禽养殖业和水产养殖业。

（3）生活污染源。普查对象为除工业企业生产使用以外所有单位和居民生活使用的锅炉（以下统称生活源锅炉），城市市区、县城、镇区的市政入河（海）排污口，以及城乡居民能源使用情况，城乡生活污水产生、排放情况。

（4）集中式污染治理设施。普查对象为集中处理处置生活垃圾、危险废物和污水的单位。

其中：生活垃圾集中处理处置单位包括生活垃圾填埋场、生活垃圾焚烧厂以及以利用其他处理方式处理生活垃圾和餐厨垃圾的单位。

危险废物集中处理处置单位包括危险废物处置厂和医疗废物处理（处置）厂。危险废物处置厂包括危险废物综合处理（处置）厂、危险废物焚烧厂、危险废物

安全填埋场和危险废物综合利用厂等；医疗废物处理（处置）厂包括医疗废物焚烧厂、医疗废物高温蒸煮厂、医疗废物化学消毒厂、医疗废物微波消毒厂等。

集中式污水处理单位包括城镇污水处理厂、工业污水集中处理厂和农村集中式污水处理设施。

（5）移动源。普查对象为机动车和非道路移动污染源。其中，非道路移动污染源包括飞机、船舶、铁路内燃机车和工程机械、农业机械等非道路移动机械。

1.2.3 普查内容

（1）工业污染源。包括企业基本情况，原辅材料消耗、产品生产情况，产生污染的设施情况，各类污染物产生、治理、排放和综合利用情况（包括排放口信息、排放方式、排放去向等），各类污染防治设施建设、运行情况等。

废水污染物：化学需氧量、氨氮、总氮、总磷、石油类、挥发酚、氰化物、汞、镉、铅、铬、砷。

废气污染物：二氧化硫、氮氧化物、颗粒物、挥发性有机物、氨、汞、镉、铅、铬、砷。

工业固体废物：一般工业固体废物和危险废物的产生、贮存、处置和综合利用情况。危险废物按照《国家危险废物名录》分类调查。工业企业建设和使用的一般工业固体废物及危险废物贮存、处置设施（场所）情况。

稀土等15类矿产采选、冶炼和加工过程中产生的放射性污染物情况。

（2）农业污染源。包括种植业、畜禽养殖业、水产养殖业生产活动情况，秸秆产生、处置和资源化利用情况，化肥、农药和地膜使用情况，纳入登记调查的畜禽养殖企业和养殖户的基本情况、污染治理情况和粪污资源化利用情况。

废水污染物：氨氮、总氮、总磷，畜禽养殖业和水产养殖业增加化学需氧量。

废气污染物：畜禽养殖业氨，种植业氨和挥发性有机物。

（3）生活污染源。包括生活源锅炉基本情况、能源消耗情况、污染治理情况，城乡居民能源使用情况，城市市区、县城、镇区的市政入河（海）排污口情况，城乡居民用水排水情况。

废水污染物：化学需氧量、氨氮、总氮、总磷、五日生化需氧量、动植物油。

废气污染物：二氧化硫、氮氧化物、颗粒物、挥发性有机物。

（4）集中式污染治理设施。包括单位基本情况，设施处理能力、污水或废物处理情况，次生污染物的产生、治理与排放情况。

废水污染物：化学需氧量、氨氮、总氮、总磷、五日生化需氧量、动植物油、挥发酚、氰化物、汞、镉、铅、铬、砷。

废气污染物：二氧化硫、氮氧化物、颗粒物、汞、镉、铅、铬、砷。

污水处理设施产生的污泥、焚烧设施产生的焚烧残渣和飞灰等产生、贮存、处置情况。

（5）移动源。各类移动源保有量及产排污相关信息，挥发性有机物（船舶除外）、氮氧化物、颗粒物排放情况，部分类型移动源二氧化硫排放情况。

普查表目录

表号	表名	填报单位/统计范围
普查基层表式		
G101-1 表	工业企业基本情况	辖区内有污染物产生的工业企业及产业活动单位填报
G101-2 表	工业企业主要产品、生产工艺基本情况	辖区内有污染物产生的工业企业及产业活动单位填报
G101-3 表	工业企业主要原辅材料使用、能源消耗基本情况	辖区内有污染物产生的工业企业及产业活动单位填报
G102 表	工业企业废水治理与排放情况	辖区内有废水及废水污染物产生或排放的工业企业
G103-1 表	工业企业锅炉/燃气轮机废气治理与排放情况	辖区内有工业锅炉的工业企业，以及所有在役火电厂、热电联产企业及工业企业的自备电厂、垃圾和生物质焚烧发电厂
G103-2 表	工业企业炉窑废气治理与排放情况	辖区内有工业炉窑的工业企业
G103-3 表	钢铁与炼焦企业炼焦废气治理与排放情况	辖区内有炼焦工序的钢铁冶炼企业和炼焦企业

表号	表名	填报单位/统计范围
G103-4 表	钢铁企业烧结/球团废气治理与排放情况	辖区内有烧结/球团工序的钢铁冶炼企业
G103-5 表	钢铁企业炼铁生产废气治理与排放情况	辖区内有炼铁工序的钢铁冶炼企业
G103-6 表	钢铁企业炼钢生产废气治理与排放情况	辖区内有炼钢工序的钢铁冶炼企业
G103-7 表	水泥企业熟料生产废气治理与排放情况	辖区内有熟料生产工序的水泥企业
G103-8 表	石化企业工艺加热炉废气治理与排放情况	辖区内石化企业
G103-9 表	石化企业生产工艺废气治理与排放情况	辖区内石化企业
G103-10 表	工业企业有机液体储罐、装载信息	辖区内有有机液体储罐的工业企业
G103-11 表	工业企业含挥发性有机物的原辅材料使用信息	辖区内使用含挥发性有机物原辅材料的工业企业
G103-12 表	工业企业固体物料堆存信息	辖区内有固体物料堆存的工业企业
G103-13 表	工业企业其他废气治理与排放情况	辖区内有废气污染物产生与排放的工业企业
G104-1 表	工业企业一般工业固体废物产生与处理利用信息	辖区内有一般工业固体废物产生的工业企业
G104-2 表	工业企业危险废物产生与处理利用信息	辖区内有危险废物产生的工业企业
G105 表	工业企业突发环境事件风险信息	辖区内生产或使用环境风险物质的工业企业
G106-1 表	工业企业污染物产排污系数核算信息	辖区内使用产排污系数核算废水及废气污染物产生量或排放量的工业企业
G106-2 表	工业企业废水监测数据	辖区内利用监测数据法核算废水污染物产生排放量的工业企业
G106-3 表	工业企业废气监测数据	辖区内利用监测数据法核算废气污染物产生排放量的工业企业
G107 表	伴生放射性矿产企业含放射性固体物料及废物情况	辖区内达到筛选标准的伴生放射性矿产采选、冶炼、加工企业
G108 表	园区环境管理信息	省级及以上级别工业园区填报
N101-1 表	规模畜禽养殖场基本情况	辖区内规模畜禽养殖场填报
N101-2 表	规模畜禽养殖场养殖规模与粪污处理情况	辖区内规模畜禽养殖场填报

表号	表名	填报单位/统计范围
S101 表	重点区域生活源社区（行政村）燃煤使用情况	重点区域社区居民委员会和行政村村民委员会填报，统计范围为本社区或行政村范围
S102 表	行政村生活污染基本信息	所有行政村村民委员会填报，统计范围为本行政村范围
S103 表	非工业企业单位锅炉污染及防治情况	拥有或实际使用锅炉的非工业企业单位填报
S104 表	入河（海）排污口情况	市区、县城和镇区范围内所有入河（海）排污口，由县级或以上普查机构组织填报
S105 表	入河（海）排污口水质监测数据	市区、县城和镇区范围内所有开展监测的入河（海）排污口，由县级或以上普查机构组织填报
S106 表	生活源农村居民能源使用情况抽样调查	抽样调查方案确定区域范围内的农户，由抽样调查单位组织填报
J101-1 表	集中式污水处理厂基本情况	辖区内城镇污水处理厂，工业污水集中处理厂，农村集中式污水处理设施填报
J101-2 表	集中式污水处理厂运行情况	辖区内城镇污水处理厂，工业污水集中处理厂，农村集中式污水处理设施填报
J101-3 表	集中式污水处理厂污水监测数据	辖区内城镇污水处理厂，工业污水集中处理厂，农村集中式污水处理设施填报
J102-1 表	生活垃圾集中处置场（厂）基本情况	辖区内生活垃圾填埋场、生活垃圾焚烧厂以及利用其他处理方式集中处理生活垃圾和餐厨垃圾的单位填报
J102-2 表	生活垃圾集中处置场（厂）运行情况	辖区内生活垃圾填埋场、生活垃圾焚烧厂以及利用其他处理方式集中处理生活垃圾和餐厨垃圾的单位填报
J103-1 表	危险废物集中处置厂基本情况	辖区内危险废物集中处理处置厂、医疗废物集中处理处置厂填报
J103-2 表	危险废物集中处置厂运行情况	辖区内危险废物集中处理处置厂、医疗废物集中处理处置厂填报
J104-1 表	生活垃圾/危险废物集中处置厂（场）废水监测数据	辖区内生活垃圾集中处理处置设施和危险废物集中处理处置厂、医疗废物集中处理处置厂填报
J104-2 表	生活垃圾/危险废物集中处置厂（场）焚烧废气监测数据	辖区内生活垃圾集中处理处置设施和危险废物集中处理处置厂、医疗废物集中处理处置厂填报
J104-3 表	生活垃圾/危险废物集中处置厂（场）污染物排放量	辖区内生活垃圾集中处理处置设施和危险废物集中处理处置厂、医疗废物集中处理处置厂填报
Y101 表	储油库油气回收情况	辖区内对外营业的储油库运营单位填报
Y102 表	加油站油气回收情况	辖区内对外营业的加油站运营单位填报
Y103 表	油品运输企业油气回收情况	辖区内油品运输企业填报

表号	表名	填报单位/统计范围
普查综合表式		
N201-1 表	县（区、市、旗）种植业基本情况	县（区、市、旗）农业部门组织填报
N201-2 表	县（区、市、旗）种植业播种、覆膜与机械收获面积情况	县（区、市、旗）农业部门组织填报
N201-3 表	县（区、市、旗）农作物秸秆利用情况	县（区、市、旗）农业部门组织填报
N202 表	县（区、市、旗）规模以下养殖户养殖量及粪污处理情况	县（区、市、旗）畜牧部门组织填报
N203 表	县（区、市、旗）水产养殖基本情况	县（区、市、旗）渔业部门组织填报
S201 表	城市生活污染基本信息	直辖市、地（区、市、州、盟）第二次全国污染源普查领导小组组织填报，统计范围为全市所辖区域
S202 表	县域城镇生活污染基本信息	直辖市、地（区、市、州、盟）第二次全国污染源普查领导小组组织填报，统计范围为全县（市、旗）所辖区域
Y201-1 表	机动车保有量	直辖市、地（区、市、州、盟）第二次全国污染源普查领导小组组织本级公安交管部门填报，统计范围为辖区内所有登记注册的机动车
Y201-2 表	机动车污染物排放情况	直辖市、地（区、市、州、盟）普查机构填报
Y202-1 表	农业机械拥有量	直辖市、地（区、市、州、盟）第二次全国污染源普查领导小组组织本级农机管理部门填报，统计范围包括从事农林牧渔业生产的单位和农户及为其提供农机作业服务的单位、组织和个人实际拥有的农业机械
Y202-2 表	农业生产燃油消耗情况	直辖市、地（区、市、州、盟）第二次全国污染源普查领导小组组织本级农机管理部门填报，统计范围包括从事农林牧渔业生产的单位和农户及为其提供农机作业服务的单位、组织和个人实际拥有的农业机械
Y202-3 表	机动渔船拥有量	直辖市、地（区、市、州、盟）第二次全国污染源普查领导小组组织本级渔业管理部门填报，统计范围为辖区内从事渔业生产的船舶以及为渔业生产服务的船舶
Y202-4 表	农业机械污染物排放情况	直辖市、地（区、市、州、盟）普查机构填报
Y203 表	油品储运销污染物排放情况	直辖市、地（区、市、州、盟）普查机构填报

1.3 普查技术路线和步骤

本次普查以环境质量为核心筛选普查主要污染物；根据影响环境质量的主要污染物确定要调查的污染源；摸清主要污染物和污染源分布的基本信息，核定排放量，建立排放清单；为建立污染源—排放清单—环境质量—污染物关联响应关系提供数据支撑。

1.3.1 普查技术路线

按照现场监测、企业自行监测、物料衡算及排污系数计算相结合，技术手段与统计手段相结合，地方调查和企业自报相结合的原则进行普查。

（1）工业污染源。全面入户登记调查单位基本信息、活动水平信息、污染治理设施和排放口信息；基于实测和综合分析，按国家制定的污染物排放核算方法，核算污染物产生量和排放量。

根据伴生放射性矿初测基本单位名录和初测结果，确定伴生放射性矿普查对象，全面入户调查。

工业园区（产业园区）管理机构填报园区调查信息。工业园区（产业园区）内的工业企业填报工业污染源普查表。

（2）农业污染源。以已有统计数据为基础，确定抽样调查对象，开展抽样调查，获取普查年度农业生产活动基础数据，根据产排污系数核算污染物产生量和排放量。

（3）生活污染源。根据生活源锅炉清单，登记调查生活源锅炉基本情况和能源消耗情况、污染治理情况等，根据产排污系数核算污染物产生量和排放量。抽样调查城乡居民能源使用情况，结合产排污系数核算废气污染物产生量和排放量。通过典型区域调查和综合分析，获取与挥发性有机物排放相关活动水平信息，结合物料衡算或产排污系数估算生活污染源挥发性有机物产生量和排放量。

结合实地排查，获取市政入河（海）排污口基本信息。对各类市政入河（海）排污口排水（雨季、旱季）水质开展监测，获取污染物排放信息。结合排放去向、市政入河（海）排污口调查与监测、城镇污水与雨水收集排放情况、城镇污水处理厂污水处理量及排放量，利用排水水质数据，核算城镇水污染物排放量。利用已有统计数据及抽样调查获取农村居民生活用水排水基本信息，根据产排污系数核算农村生活污水及污染物产生量和排放量。

（4）集中式污染治理设施。根据调查对象基本信息、废物处理处置情况、污染物排放监测数据和产排污系数，核算污染物产生量和排放量。

（5）移动源。利用相关部门提供的数据信息，结合典型地区抽样调查，获取移动源保有量、燃油消耗及活动水平信息，结合分区分类排污系数核算移动源污染物排放量。

机动车：通过机动车登记相关数据和交通流量数据，结合典型城市、典型路段抽样观测调查和燃油销售数据，根据机动车排污系数，核算机动车废气污染物排放量。

非道路移动源：通过相关部门间信息共享，获取保有量、燃油消耗及相关活动水平数据，根据排污系数核算污染物排放量。

1.3.2 普查步骤

（1）准备阶段：建立健全组织领导协调机制，建立各级普查机构，落实人员、工作条件；落实普查项目经费渠道，开展宣传，进行组织动员；制定普查方案和各阶段工作方案。完成普查信息化系统建设以及其他技术准备工作。

（2）全面普查阶段：完成普查员和普查指导员组织聘用工作，开展污染源普查调查单位名录库筛选，进行普查清查，建立普查基本单位名录库。完成普查业务培训工作，完成普查基本单位名录库核定。开展入户调查与数据采集，抽样调查城乡居民能源使用情况、农村居民生活水污染（用排水）情况，采集相关数据。各级普查机构逐级开展普查数据质量核查与评估，完成审核与汇总。

（3）总结发布阶段：完成全省普查数据审核、汇总和上报，建立全省污染源普查信息数据库。完成普查数据质量核查，编制评估报告，完成普查档案整理和移交，指导全省各级普查机构完成污染源普查验收工作。编制完成普查公报，按程序报批后发布。实现普查成果在普查领导小组各成员单位内部共享，开展表彰等工作。

在实际工作开展过程中，2018 年 4 月准备工作基本就绪，清查工作开始；2018 年 7 月底前清查工作完成，入户调查工作启动。2018 年 12 月入户调查数据采集工作完成，产排放量核算工作启动。2019 年 5 月底产排放量核算工作完成。2019 年年底数据基本定库，数据审核工作贯穿各阶段。

1.4　普查组织及实施

1.4.1　基本原则

全省统一领导，部门分工协作，市、县（市、区）分级负责，各方共同参与。

1.4.2　普查组织

山东省第二次全国污染源普查领导小组（以下简称省普查领导小组）负责领导和协调全省污染源普查工作。省普查领导小组办公室设在省环保厅，负责污染源普查日常工作。

各市、县（市、区）政府污染源普查领导小组要按照省普查领导小组的统一规定和要求，领导和协调本行政区域内的污染源普查工作，对普查工作中遇到的各种困难和问题，要及时采取措施，切实予以解决。

各市、县（市、区）政府污染源普查领导小组办公室设在同级环境保护主管部门，负责本行政区域内的污染源普查日常工作。

乡（镇）政府、街道办事处和村（居）民委员会应当积极参与并认真做好本区域普查工作。

重点排污单位应按照环境保护法律法规、排放标准及排污许可证管理等相关要求开展监测，如实填报普查年度监测结果。各类污染源普查调查对象和填报单位应当指定专人负责本单位污染源普查表填报工作。

充分利用相关部门现有统计、监测和各专项调查成果，借助购买第三方服务和信息化手段，提高普查效率。发挥科研院所、高校、环保咨询机构等社会组织作用，鼓励社会组织和公众参与普查工作。

1.4.3 普查培训

省普查领导小组办公室负责对市、县两级污染源普查工作机构技术骨干的培训。各市要组织对普查员和普查指导员的聘用及培训。普查员和普查指导员均需要通过培训持证上岗。培训内容主要是：污染源普查方案的内容、普查范围和主要污染物、普查技术路线、普查方法；分源技术方案、技术规范、质量控制；普查档案；各类普查表格和指标的解释、填报方法；软件信息系统的使用；数据库的管理和普查工作中应注意的问题；等等。

1.4.4 宣传动员

各地要按照国务院、省政府文件要求，充分利用报刊、广播、电视、网络等各种媒体，广泛动员社会力量参与污染源普查，为普查实施创造良好氛围。

1.5 普查质量管理

省普查领导小组办公室统一领导普查质量管理工作，建立覆盖普查全过程、全员的质量管理制度并负责监督实施。各级普查机构要认真执行污染源普查质量管理制度，做好污染源普查质量保证和质量管理工作。

建立健全普查责任体系，明确主体责任、监督责任和相关责任。建立普查数据质量溯源和责任追究制度，依法开展普查数据核查和质量评估，严厉惩处普查违法行为。

按照依法普查原则，任何地方、部门、单位和个人均不得虚报、瞒报、拒报、迟报，不得伪造、篡改普查资料。各级普查机构及其工作人员，对普查对象的技术和商业秘密，必须履行保密义务。

普查得到的普查对象资料严格限定用于污染源普查目的，不作为对普查对象实施处罚和收费的依据。各级应建立污染源普查数据质量控制责任制，并对污染源普查实施中的每个环节实行质量控制和检查验收。省普查领导小组办公室统一组织污染源普查数据的质量核查工作，在各主要环节，按一定比例抽样，抽查结果作为评估污染源普查数据质量的依据。

2 数据审核思路

从统计学角度讲，统计调查所搜集到的大量原始资料是分散的、不系统的，只能说明总体单位的特征和属性。要说明总体特征，必须进行科学的整理。数据的预处理是数据整理的首要步骤，是在对数据分类或分组之前做的必要处理，包括数据的审核、筛选、排序等。

问题清，才能方向明，才能措施准。要做好数据审核工作，首先要分析数据质量产生问题的原因有哪些方面，进而明确数据审核的目标，从而才能做到目标导向，有针对性地制定数据审核方案，明确数据审核方法，确定数据审核工作实现路径。

2.1 数据质量问题产生原因分析

数据质量出现问题的原因是多方面的，既有普查对象不认真、不仔细的问题，也有普查对象专业水平局限性的问题，还有普查对象对报表制度不熟悉的问题，甚至还存在个别普查对象瞒报、虚报的问题。

2.1.1 普查对象不认真、不仔细导致的数据质量问题

第二次全国污染源普查报表制度中包含 1 796 项指标，指标数量众多，普查对象填报过程中稍有不认真、不仔细，就很容易出现因看错指标填报单位导致出现数据数量级错误，或者将数据誊抄错误的问题。工作过程中，我们称这种错误

为“低级错误”或“异常数据”。通常情况下，看错单位导致的数据错误是比较明显、易发现的，但也有一些指标比较隐蔽，不容易发现。出现这种问题的指标，通常是数据计量单位数量级比较高的指标，比如一个指标可以用万吨进行计量也可以用吨进行计量，以万吨为计量单位比以吨为计量单位更容易出现填报问题。另外，如果设置的指标计量单位与行业、常规计量单位有出入，同样也会导致此类问题出现频率较高，影响数据质量。这个问题不仅在数据初次填报过程中容易出现，在数据审核修改的过程中也会出现。

下面几个指标是普查过程中发现的容易出现此类问题的典型代表：

（1）G101-1 表中的“工业总产值”。

第二次全国污染源普查工业源 G101-1 表中指标“工业总产值”的计量单位为“千元”，与日常各类统计工作中该指标常用计量单位“万元”不一致，导致数据填报过程中出现普查对象由于没有认真阅读报表填报要求，而以“万元”为单位进行了数据填报，导致填报数值是真实数值的 1/10。而这种错误，如果不了解企业实际情况，是很难被发现的。

（2）G101-3 表中的“天然气使用量”。

工业源 G101-3 表中，“天然气使用量”计量单位为“万立方米”，数据填报过程中很多普查对象以“立方米”为单位进行填报，导致数据出现明显的异常。

典型问题代表

单位详细名称	原辅材料/能源名称	原辅材料/能源代码	计量单位	使用量
中国石化催化剂有限公司××分公司	天然气	15	万立方米	32 282 840
山东××板材有限公司	天然气	15	万立方米	8 523 427
威海××汽车安全系统有限公司	天然气	15	万立方米	3 552 762

（3）G103-1 表中“机组装机容量”“锅炉单位”。

工业源 G103-1 表中“机组装机容量”计量单位为“万千瓦时”，而很多电力企业习惯于以“MW”为单位进行计量，所以导致填报数值仅为真实数值的1/10。与“工业总产值”一样，如果不了解企业实际情况，是很难被发现的。

G103-1表中“锅炉吨位”计量单位为“t/h”，“t/h”与“MW”都是锅炉吨位比较常用的两个计量单位，但是很多普查对象不注意阅读指标计量单位，出现了很多以“MW”为单位填报锅炉吨位的数据。审核过程中只要是锅炉吨位非整数的，绝大部分都是这种情况。

典型问题代表

单位详细名称	电站锅炉/燃气轮机编号	电站锅炉/燃气轮机类型	对应机组编号	对应机组装机容量/（万千瓦时）
东营市××热电有限公司	MF0024	R1|燃煤锅炉	3	110
平邑××生物质发电有限公司	MF0001	R4|燃生物质锅炉	1	115
淄博××水泥有限公司	MF0001	R5|余热利用锅炉	3	119

（4）J101-2表“设计处理能力”。

集中式污水处理厂J101-2表中，“设计污水处理能力”计量单位为“立方米/日”，由于在日常环境管理工作中，我们经常以“万吨/日”进行统计，所以普查报表中出现了很多“设计污水处理能力”数值小于“10”的污水处理厂，都是不仔细阅读指标计量单位导致的。

典型问题代表

单位详细名称	污水设计处理能力/（立方米/日）
昌邑××水业有限公司	6
临沂市××水务有限公司	3
海阳××环保水务有限公司	2

（5）J101-2表“用电量”。

集中式污水处理厂J101-2表中，“用电量”计量单位为“万千瓦时”，这项指标在日常工作中没有比较标准或通用的计量单位，但是普查报表中还是出现了不少污水处理厂“用电量”数值异常大、与污水实际处理量明显不符的情况，究其原因，是很多污水处理厂以“千瓦时”为单位进行了数据填报。

2.1.2 普查对象专业水平局限性导致的数据质量问题

普查指标众多，报表制度中对每个指标都给出了其标准化定义，要想提高数据质量，熟练掌握报表制度是基础。报表制度是一个庞大的知识体系，是一个系统性工程，需要通过培训加上技术人员自身认真研究才能熟练掌握。我们的普查技术培训可以全覆盖省、市、县（市、区）普查机构技术人员，好一些的县（市、区）普查机构也会对辖区重点调查对象进行技术培训，但是毕竟无法很好覆盖全部普查对象。而普查对象知识水平参差不齐，对指标定义理解不到位，导致部分关键基础指标填报水平不高，给数据汇总分析带来误差。

工业企业“行业类别”是普查对象专业水平局限性原因导致数据填报质量出现问题的一个典型代表指标。行业类别指根据企业从事的社会经济活动性质对各类单位进行分类的名称和代码。日常生产生活及环境管理过程中，绝大部分人对于企业行业类别的表述都是口语化的、不准确的、边界划分不清晰的通俗表述，比如化工行业、钢铁行业等，实际上对于企业行业类别的划分，统计部门有相关标准文件《国民经济行业分类》，该标准文件随着经济社会的发展会进行相应的调整、完善。《国民经济行业分类》于 1984 年首次发布，分别于 1994 年、2002 年、2011 年和 2017 年进行了修订。该标准采用经济活动的同质性原则划分国民经济行业，即每一个行业类别按照同一种经济活动的性质划分，而不是依据编制、会计制度或部门管理等划分。它规定了全社会经济活动的分类与代码，适用于在统计、计划、财政、税收、工商等国家宏观管理中对经济活动的分类，并用于信息处理和信息交换。第二次全国污染源普查，企业需对照《国民经济行业分类》（GB/T 4754—2017）按正常生产情况下企业生产的主要产品的性质（一般按在工业总产值中占比重较大的产品及重要产品）确认归属的具体工业行业类别。若有两种以上（含两种）主要产品的，按所属行业小类分别填写行业名称和行业小类代码。

《国民经济行业分类》截图

代码				类别名称	说明
门类	大类	中类	小类		
					物，主要用于各类加香产品中的香精的生产活动
			2689	其他日用化学产品制造	指室内散香或除臭制品，光洁用品，擦洗膏及类似制品，动物用化妆盥洗品，火柴，蜡烛及类似制品等日用化学产品的生产活动
	27			医药制造业	
		271	2710	化学药品原料药制造	指供进一步加工化学药品制剂、生物药品制剂所需的原料药生产活动
		272	2720	化学药品制剂制造	指直接用于人体疾病防治、诊断的化学药品制剂的制造
		273	2730	中药饮片加工	指对采集的天然或人工种植、养殖的动物、植物和矿物的药材部位进行加工、炮制，使其符合中药处方调剂或中成药生产使用的活动
		274	2740	中成药生产	指对采集的天然或人工种植、养殖的动物、植物和矿物的药材部位进行加工、炮制，使其符合中药处方调剂或中成药生产使用的活动
		275	2750	兽用药品制造	指用于动物疾病防治医药的制造
		276		生物药品制品制造	指利用生物技术生产生物化学药品、基因工程药物和疫苗的制剂生产活动
			2761	生物药品制造	指利用生物技术生产生物化学药品的生产活动
			2762	基因工程药物和疫苗制造	

在普查数据填报过程中，很多企业由于不了解《国民经济行业分类》相关内容，仅仅是根据企业名称或主要生产活动名称，找一个名称比较接近的行业类别进行填选，出现了很多无污染或轻度污染企业归入重污染企业行业类别的情况。

例如，预制板、混凝土、砼业企业将自身行业类别填报为水泥制造行业（行业代码 3011），但《国民经济行业分类》中，水泥制造行业定义为：以水泥熟料加入适量石膏或一定混合材，经研磨设备（水泥磨）磨制到规定的细度，制成水凝水泥的生产活动，还包括水泥熟料的生产活动。很明显，预制板、混凝土、砼业企业不应该属于水泥制造行业，而应该属于水泥制品制造（3021）行业。水泥制品制造行业，在《国民经济行业分类》中的定义是水泥制管、杆、桩、砖、瓦等制品制造。

这类数据质量问题的出现会产生非常严重的后果：一是影响区域行业结构分析的合理性；二是采用系数法核算污染物产排放量时，将会导致产排放量严重偏离实际。

典型问题代表

单位详细名称	行业类别
烟台市××腻子粉厂	水泥制造-3011
高疃镇××水泥制品厂	水泥制造-3011
高疃××水泥砖加工厂	水泥制造-3011

2.1.3 普查对象对报表制度不熟悉导致的数据质量问题

为规范普查指标的填报，经国家统计局批准，国务院第二次全国污染源普查领导小组办公室根据《中华人民共和国统计法》的有关规定，制定了《第二次全国污染源普查报表制度》，明确了普查表式及指标解释，对单个指标填报含义、填报要求及报表间的逻辑关系进行明确和规定。很多指标的填报要求与日常管理不同，具有特殊性，对报表制度不熟悉，容易导致数据质量问题。涉及 G101-3 表中指标“能源使用量”及“用作原辅材料量”容易出现此类问题。

能源使用量指调查年度内普查对象对该种能源的实际消耗量。对于该指标，要求只填报外购的初级能源，自产能源不填，余热余压、电力、热力等不涉及污染物产生的能源使用不需要填报。用作原辅材料量，指调查年度内，普查对象将能源用作生产原辅材料使用而消耗的实际量。本厂仅是加工，没有实际消耗的，仅填报能源损失量，如无损失按 0 填报，煤炭洗选企业不能把所有煤炭都视作消耗，仅填报从原煤到洗精煤的损失。在数据初次上报时，很多煤炭开采和洗选行业企业，用作原辅材料的量基本上等于能源（煤炭）使用量，也就是等于煤炭的开采量。而电力热力生产和供应行业（44 行业）企业，一般来说能源不作为原辅材料使用，而初次上报时很多企业煤炭消费量等于用作原辅材料量。

2.1.4 普查对象瞒报、虚报导致的数据质量问题

随着我国工业化、城镇化的深入推进，能源资源消耗持续增加，环境问题日益突出，损害了人民群众身体健康，影响了社会和谐稳定。环境保护事关人民群众根本利益，事关经济持续健康发展，事关全面建成小康社会，事关实现中华民族伟大复兴中国梦。党的十八大以来，以习近平同志为核心的党中央把生态文明建设和生态环境保护工作摆上更加突出的战略位置，提出了一系列新理念、新思想、新战略，从党和国家事业发展的全局高度和长远角度，对生态文明建设和生态环境保护工作作出系统部署。2013 年以来，国务院相继印发了《水污染防治行动计划》《大气污染防治行动计划》，对水、气环境质量提出了具体改善目标，一系列保障措施随之出台，给企业带来了巨大的环境治理压力，所以普查过程中难免会存在企业虚报、瞒报或者“打擦边球”的现象。比如说工业源污染治理设施的去除效率问题。

工业企业污染物排放量计算公式：

$$P_{排}=P_{产}(1-k\cdot\eta)$$

式中，η 为污染治理设施的理论去除效率；k 为污染治理设施的实际运行率，由污染治理设施的实际运行参数计算得出，是一个小于等于 1 的数值，k 值越大，企业污染治理设施的去除效率就越高。但在数据填报过程中，k 值=1 的情况比较普遍。

2.2 数据审核目标分析及面临的主要困难

数据审核的目标，是微观数据和汇总数据（宏观数据）都要经得起推敲，而不是仅停留在微观层面，数据审核要确保数据的准确性、完整性、逻辑性、规范性、合理性。根据多年环境统计工作经验，考虑到污染源普查数据为静态数据的实际情况，对数据审核的目标具体体现在以下几个方面：一是就单个指标而言不能出现异常值，主要是针对因看错填报单位导致的数据异常问题。二是相关指标之间的校核关系要基本满足经验系数，确保指标间逻辑关系的合理性。三是相关表格之间要满足报表制度要求，确保报表间逻辑关系的合理性。四是汇总得到的区域活动水平基本合理，行业结构、区域结构基本合理，用部门现有宏观数据反推校核汇总数据的合理性，防止区域汇总数据出现大的偏差。

数据的审核目标清晰以后，最重要的就是要认清普查数据审核工作特点以及在目标实现过程中存在的主要困难，结合普查工作实际情况考虑如何实现这些目标。污染源普查数据审核工作特点及面临的主要困难如下。

2.2.1 数据审核量、审核难度异常大

就普查范围和普查内容而言，第二次全国污染源普查共涉及 5 大类普查对象，60 张表格，1 796 项指标，数据审核量异常大，仅工业源全省就填报了 100 多万张报表、4 000 多万项指标。面对有限的工作时间，人工审核显然是不现实的，如何实现数据的全面审核，提高数据审核效率，审核软件的开发就显得必不可少。

2.2.2 审核软件无法解决所有的数据问题

审核软件只能解决普适的逻辑问题，但是对于生产工艺、原辅材料及产物环节等填报的完整性，其是无法解决的。这就是说，在软件进行基本逻辑关系审核的基础上，还是要加入人工审核。但是人工审核可以做的工作量毕竟是有限的，

所以人工审核只能是对数据影响大的重点工业企业和汇总数据开展部分数据的审核，确保整体数据不出现大的偏差。

2.2.3 软件审核规则制定需要从哪些方面入手，应把握什么原则

结合数据审核目标，审核规则的制定应该从以下方面进行考虑：一是报表制度中给出了简单的逻辑校核关系，主要是针对存在加和关系的指标要做到加和相等，这部分逻辑关系肯定是要进行软件校核的。二是明确必填指标项，防止报表出现指标漏填现象，确保指标完整性。三是明确审核重点指标，根据经验系数校核重点指标数据合理性。企业行业代码、产能、能源消耗情况及产排放量情况等，都是日常环境管理重点关注指标，都应纳入重点审核指标。综合利用值域法等统计方法筛选离群值和异常值，利用经验系数等校核数据重点指标填报的合理性。四是报表间逻辑关系的合理性。一方面是报表间互相依存关系的验证；另一方面是不同报表上不同指标间相互依存关系的验证。规则制定过程中把握的主要原则：一是经验系数或合理区间的设定宜宽不宜严。二是规则表述尽量接近计算机语言或多用公式进行定量表述，减少描述性语言的使用。

2.2.4 宏观校核应对哪些方面数据进行比对，比对结果出现差异如何处理

要保证全省、各市、各行业整体普查数据的真实性、规律性、合理性和逻辑性，不仅要加强系统内数据的比对分析，还要加强与省直部门数据的比对分析。不仅要加强省内各市之间数据的比对分析，还要加强与其他省份数据的比对分析。系统内，要与第一次全国污染源普查数据、环境统计数据、生态环境质量监测数据、排污许可证等数据开展比对分析，确保普查数据与日常环境管理实际相吻合；系统外，要加强与省直有关部门（单位）日常工作掌握的企业数量、能源消费量、各重点行业产能等数据的对比分析，确保普查数据符合全省能源结构、产业结构等结构现状；省内，要加强各设区市之间的数据对比，确保普查数据与各市经济

总量、能源结构、产业结构、人口总量、生态环境质量现状等数据之间的逻辑性、合理性；省外，要加强与兄弟省份的数据对比，确保本省普查数据在全国范围内处于合理范围。但是比对过程中需要注意哪些问题，比对数据间出现了差异又该如何处理呢？比对分析过程中首先要注意的就是比对口径问题，要确保比对数据与普查数据统计口径一致。数据间出现了差异，要注意分析统计口径、统计方法的一致性，在遵守上述两个原则的基础上，要说明数据差异性，就要尽可能比对到微观的清单数据。所以宏观数据比对分析工作往往是与微观数据的核实交织在一起的。

3 数据审核实现路径

数据审核必须满足高效性、全面性和专业性。在数据审核的实现方式上，要做好数据审核，总结起来就是要做好四个“充分利用”。要充分利用软件审核，实现数据审核的高效、全覆盖；充分利用专家审核及重点企业现场复核，把好重点排污单位数据质量以及 VOC 等新兴环境管理领域重点指标数据质量；充分利用相关统计方法，筛查去除离散的异常错误指标；充分利用宏观数据与现有统计数据的比对分析，做好区域结构、行业结构合理性分析，匡算普查汇总数据的合理性。

每个阶段数据审核的重点不同，清查阶段指标相对简单，主要是在数据的完整性、规范性上下功夫。入户调查阶段主要是针对点源填报数据进行审核，审核规则主要是针对点源报表，这个阶段数据量大，为此进行了数据审核软件的开发。汇总阶段，主要针对汇总数据以及以区域为单位填报的报表数据进行比对分析。

3.1 审核规则的制定及审核软件的开发

为确保数据符合报表制度要求，经得起经验系数的校核，防止普查数据出现异常不合理现象，同时提高数据的审核效率，我们分源编制了普适性的数据校核规则，并据此开发了数据审核软件，目的是用信息化手段，高效地消除数据可能出现的逻辑错误。

3.1.1 清查阶段数据审核规则的制定

清查是入户调查工作开展的基础，目的是摸清工业企业和产业活动单位、规模化畜禽养殖场、集中式污染治理设施、生活源锅炉和入河（海）排污口等调查对象的基本信息，为下一步开展入户调查确定污染源基本单位名录库。因此，在清查阶段，调查指标较少，工业源、规模化畜禽养殖场、集中式污染治理设施及入河（海）排污口的调查指标，每类源不超过 10 个指标，主要是普查对象名称、行业类别、统一社会信用代码、运行状态、地址、地理坐标等简单的基本信息。生活源锅炉指标相对较多，其清查表中除污染物产排放量指标缺失外，其他指标与入户调查阶段普查指标完全相同。因此，清查阶段数据审核规则的制定，主要是界定工业企业行业类别、运行状态，地址、地理坐标在山东境内，同时考虑生活源锅炉指标较多，对生活源锅炉指标合理性和逻辑性进行了校核。清查数据审核主要采取软件审核与人工审核相结合的审核模式。软件审核，利用济南市普查办开发的数据审核程序主要对普查对象的地理坐标进行校核，同时对普查对象的统一社会信用代码（或组织机构代码）与“天眼查”App 中企业信息进行比对。省级按照清查规则对数据进行软件审核，利用 Excel 筛选、排序等功能，对审核规则中的相关内容进行人工审核。

清查数据审核规则主要内容如下。

3.1.1.1 生活源锅炉

（1）普查小区代码：不能为空；应该为以 37 开头的 12 位阿拉伯数字，如果普查小区需要继续划分，则在普查小区代码后面的括号内按照 1、2、3、4……的顺序进行编码，括号内不能出现其他符号。

（2）统一社会信用代码、组织机构代码、普查对象识别码：必填其中一项，不能全部为空。

①首选填统一社会信用代码，如果没有统一社会信用代码则填写组织机构代

码，如果两者都没有，则按照普查对象识别码的编码要求填写普查对象识别码。

②统一社会信用代码共 18 位且以 1、5、9、Y 开头；通过“天眼查”App 核实企业统一社会信用代码填写是否正确；核查是否误将普查对象识别码填写到统一社会信用代码的位置上。

③对于有分厂共用一个统一社会信用代码的情况，则在统一社会信用代码后面的括号内按照 1、2、3、4……的顺序进行编码。

④组织机构代码为 9 位阿拉伯数字或者英文字母，核查是否出现位数不对的情况；通过“天眼查”App 核实企业组织机构代码填写是否正确。

⑤普查对象识别码的编码规则在清查技术规定中有详细说明，普查对象识别码第 15 至第 18 位以县为单位按照 0001、0002、0003……的顺序进行编码。

（3）单位名称：必填，不能为空；单位名称要求跟营业执照一致。

（4）详细地址：必填，不能为空；需要根据清查软件里的选择地址功能进行填报。

（5）门牌号：必填，无法获取门牌号的可填写“00”或“0”；不能为空。

（6）联系人、移动电话：必填，不能为空；核查移动电话的位数是否为 11 位。

（7）机构类型：必填，不能为空；且机构类型需要与所编码的普查对象识别码中第二位一致。

（8）行业类型、行业代码：必填。

（9）经纬度：必填，不能为空；核实是否有将经度和纬度填反的情况，或者经纬度填写误差太大的情况；可将 Excel 表格中的企业名称、经度、纬度的信息单独列出来，并生成文本文档格式，用奥维地图的导入功能，核实经纬度是否偏差太大。

（10）拥有锅炉数量：必填，不能为空。

（11）锅炉投运年份、锅炉用途：必填，运行时间要求是 2017 年前运行的；锅炉用途可以多选；核查锅炉投运年份是否有 2017 年以后的情况。

（12）锅炉编号：用字母 GL（代表锅炉）及其内部编号组成锅炉编号，必填；且此锅炉编号与锅炉数量相符。

（13）锅炉类型：必填，不能为空。

（14）锅炉型号：必填，锅炉型号不明或铭牌不清填 0（可选填 0）。

（15）额定出力（吨/时）：必填，且数据≥1 吨/时；对于吨位为非整数的，如 0.7 或 1.4 等情况，核实是否以兆瓦为单位进行填报。

（16）燃烧方式：必填，不能为空。

（17）年运行时间（月）：需要 0≤年运行时间≤12，且为整数；若运行时间＞0，则燃煤、燃油、生物质、燃气相关数据不能全部为空。

（18）燃料煤类型：填 101 至 107 的，与燃料煤消耗量、燃料煤平均含硫量、燃料煤平均灰分、燃料煤平均干燥无灰基挥发分，粉煤灰、炉渣等固废去向等指标需要同时存在或者同时不存在。

（19）燃油类型：填 301 至 307 的，与燃油消耗量、燃油平均含硫量同时存在或同时不存在。

（20）燃气类型：填 201 至 209 的，与燃料气消耗量同时存在或同时不存在。

（21）生物质燃料类型与生物质燃料消耗量、粉煤灰、炉渣等固废去向同时存在。

（22）燃料煤类型、燃油类型、燃气类型及生物质燃料类型不同时存在；若有燃煤、生物质消耗量，则粉煤灰、炉渣排放去向不能为空；若燃料为燃油或燃气，则粉煤灰和炉渣排放去向为空。

（23）对于燃煤消耗量的校核：锅炉吨位×0.150×锅炉运行时间×30×24 与燃煤消耗量没有数量级差距。

（24）无除尘设施的需要填写直排选项；除尘设施编号与除尘设施的“直排”选项不能同时存在。

（25）脱硫工艺编号与脱硫工艺名称同时存在或同时不存在，脱硫工艺可为空。

（26）脱硝设施编号与脱硝工艺的“直排”选项不能同时存在；无脱硝设施的

需要填写直排选项。

（27）在线监测设施安装情况：必填，不可为空。

（28）排气筒编号、排气筒高度：必填，不可为空。

（29）燃煤硫分数据在 0.2%～5%之间；燃油含硫量在 0.1%～5%之间。

（30）燃煤平均灰分数据在 7%～40%之间。

（31）对燃煤、燃气、燃油、生物质消耗量排序，核实异常大值及异常小值。

（32）对硫分、灰分、挥发分等数值进行排序，核实异常大值及异常小值。

（33）普查员及普查指导员编号：为 10 位数字，核查是否出现编号漏填或者位数不对的情况。

（34）核查填表时间与审核时间：不要出现逻辑上的错误，比如审核时间早于填表时间；核查填表时间与审核是否正确。

3.1.1.2 入河（海）排污口

（1）普查小区代码：必填，不可为空；应该为以 37 开头的 12 位的数字，如果普查小区需要继续划分，则在普查小区代码后面的括号内按照 1、2、3、4……的顺序进行编码，括号内不能出现其他符号。

（2）排污口编号：必填，不可为空；排污口编号为 9 位阿拉伯数字；前 6 位为行政区划代码，后三位以县为单位按照 001、002、003……的顺序进行编码；核查是否出现后三位带字母的情况。

（3）排污口名称、排污口类别：必填，不可为空。

（4）经纬度：必填，不可为空；核实是否有将经度和纬度填反的情况，或者经纬度填写误差太大的情况；可将 Excel 表格中的企业名称、经度、纬度的信息单独列出来，并生成文本文档格式，用奥维地图的导入功能，核实经纬度是否偏差太大。

（5）设置单位：必填，不可为空。

（6）排污口规模、排污口类型、入（河）海方式、收纳水体名称：必填，不可为空。

（7）受纳水体：必须为目标水体。

（8）普查员及普查指导员编号：为10位数字，核查是否出现编号漏填或者位数不对的情况。

（9）核查填表时间与审核时间：不要出现逻辑上的错误，比如审核时间早于填表时间；核查填表时间与审核时间是否正确。

3.1.1.3 工业企业和产业活动单位

（1）普查小区代码：不能为空；应该为以37开头的12位阿拉伯数字，如果普查小区需要继续划分，则在普查小区代码后面的括号内按照1、2、3、4……的顺序进行编码，括号内不能出现0、√等其他符号。

（2）统一社会信用代码、组织机构代码、普查对象识别码：必填其中一项，不能全部为空。

①首选填统一社会信用代码，如果没有统一社会信用代码则填写组织机构代码，如果两者都没有，则按照普查对象识别码的编码要求填写普查对象识别码。

②统一社会信用代码共18位且以1、5、9、Y开头；通过“天眼查”App核实企业统一社会信用代码填写是否正确；核查是否误将普查对象识别码填写到统一社会信用代码的位置上。

③对于有分厂共用一个统一社会信用代码的情况，则在统一社会信用代码后面的括号内按照1、2、3、4……的顺序进行编码。

④组织机构代码为9位阿拉伯数字或者英文字母，核查是否出现位数不对的情况；通过“天眼查”App核实企业组织机构代码填写是否正确。

⑤普查对象识别码的编码规则在清查技术规定中有详细说明，普查对象识别码第15至第18位以县为单位按照0001、0002、0003……的顺序进行编码。

（3）排污许可证号：有新排污许可证的单位必填排污许可证号，为22位；且排污许可证号前18位与统一社会信用代码一致。

（4）单位名称：必填，不可为空；单位名称要求与营业执照一致。

（5）运行状态：必填，不可为空。

（6）生产地址：必填，不可为空；需要根据清查软件里的选择地址功能进行填写，不要手填，手填出来的地址不规范；门牌号必填，可选填 0、00。

（7）联系人、联系电话：必填，不可为空；核查移动电话的位数是否为 11 位，是否存在将移动电话位数填写错误的情况。

（8）行业名称：必填，不可为空。

（9）行业代码：必填，不可为空，行业代码前两位范围为 06～46。

（10）有无其他厂址：必填，如选有，则厂址个数及地址栏不能为空；若其他厂址个数不为 0，则判断填写厂址个数是否符合对应的数字；针对多个厂址分别填写清查表的情况，应核实每个清查表将其余厂址填写齐全，互为证明佐证补充。

（11）经纬度：必填不能为空；核实是否有将经度和纬度填反的情况，或者经纬度填写误差太大的情况；可将 Excel 表格中的企业名称、经度、纬度的信息单独列出来，并生成文本文档格式，用奥维地图的导入功能，核实经纬度是否偏差太大。

（12）普查员及普查指导员编号：为 10 位的数字，核查是否出现编号漏填或者位数不对的情况。

（13）核查填表时间与审核时间：不要出现逻辑上的错误，比如审核时间早于填表时间；核查填表时间与审核时间是否正确。

3.1.1.4 规模化畜禽养殖场

（1）普查小区代码：不能为空；应该为以 37 开头的 12 位阿拉伯数字，如果普查小区需要继续划分，则在普查小区代码后面的括号内按照 1、2、3、4……的顺序进行编码，括号内不能出现其他符号。

（2）统一社会信用代码、组织机构代码、普查对象识别码：必填其中一项，不能全部为空。

①首选填统一社会信用代码，如果没有统一社会信用代码则填写组织机构代码，如果两者都没有，则按照普查对象识别码的编码要求填写普查对象识别码。

②统一社会信用代码共18位且以1、5、9、Y开头；通过“天眼查”App核实企业统一社会信用代码填写是否正确；核查是否误将普查对象识别码填写到统一社会信用代码的位置上。

③对于有分厂共用一个统一社会信用代码的情况，则在统一社会信用代码后面的括号内按照1、2、3、4……的顺序进行编码。

④组织机构代码为9位阿拉伯数字或者英文字母，核查是否出现位数不对的情况；通过“天眼查”App核实企业组织机构代码填写是否正确。

⑤普查对象识别码的编码规则在清查技术规定中有详细说明，普查对象识别码第15至第18位以县为单位按照0001、0002、0003……的顺序进行编码。

（3）养殖场名称：必填，不可为空；养殖场名称需与营业执照一致。

（4）养殖场运行状态：必填，不可为空。

（5）养殖场地址及门牌号：必填，不可为空；需要根据清查软件里的选择地址功能进行填写。

（6）联系人及移动电话：必填，不可为空；核查移动电话的位数是否为11位，是否存在将移动电话位数填写错误的情况。

（7）养殖场种类和规模：不能为空，其中数据要求：猪出栏量需≥500头、奶牛年末存栏量≥100头、肉牛年出栏量≥50头、蛋鸡年末存栏量≥2 000羽；肉鸡年出栏量≥10 000羽；核查数据有无异常大值；有的话核查数据是否准确。

（8）经纬度：必填，不能为空；核实是否有将经度和纬度填反的情况，或者经纬度填写误差太大的情况；可将Excel表格中的企业名称、经度、纬度的信息单独列出来，并生成文本文档格式，用奥维地图的导入功能，核实经纬度是否偏差太大。

（9）普查员及普查指导员编号：为10位数字，核查是否出现编号漏填或者位数不对的情况。

（10）核查填表时间与审核时间：不要出现逻辑上的错误，比如审核时间早于填表时间；核查填表时间与审核时间是否正确。

3.1.1.5 集中式污染治理设施

（1）普查小区代码：不能为空；应该为以37开头的12位阿拉伯数字，如果普查小区需要继续划分，则在普查小区代码后面的括号内按照1、2、3、4……的顺序进行编码，括号内不能出现其他符号。

（2）统一社会信用代码、组织机构代码、普查对象识别码：必填其中一项，不能全为空。

①首选填统一社会信用代码，如果没有统一社会信用代码则填写组织机构代码，如果两者都没有，则按照普查对象识别码的编码要求填写普查对象识别码。

②统一社会信用代码共18位且以1、5、9、Y开头；通过"天眼查"App核实企业统一社会信用代码填写是否正确；核查是否误将普查对象识别码填写到统一社会信用代码的位置上。

③对于有分厂共用一个统一社会信用代码的情况，则在统一社会信用代码后面的括号内按照1、2、3、4……的顺序进行编码。

④组织机构代码为9位阿拉伯数字或者英文字母，核查是否出现位数不对的情况；通过"天眼查"App核实企业组织机构代码填写是否正确。

⑤普查对象识别码的编码规则在清查技术规定中有详细说明，普查对象识别码第15至第18位以县为单位按照0001、0002、0003……的顺序进行编码。

（3）单位名称：必填，不能全为空；需与营业执照一致。

（4）运行状态：必填，不能为空。

（5）设施地址：必填，不能为空；需要根据清查软件里的选择地址功能进行填写。

（6）联系人、移动电话：必填，不能为空；核查移动电话的位数是否为11位，是否存在将移动电话位数填写错误的情况。

（7）设施类别：必填一项，不能全部为空。

（8）农村集中式污水处理设施：如选是，则设计处理能力、服务人口、服务家庭数必填其中一项，不能全为空。设计处理能力≥10 吨/日（或服务人口≥100 人，或服务家庭数≥20 户）；如选否，则设计处理能力、服务人口、服务家庭数全为空。

（9）经纬度：必填，不能为空；核实是否有将经度和纬度填反的情况，或者经纬度填写误差太大的情况；可将 Excel 表格中的企业名称、经度、纬度的信息单独列出来，并生成文本文档格式，用奥维地图的导入功能，核实经纬度是否偏差太大。

（10）普查员及普查指导员编号：为 10 位数字，核查是否出现编号漏填或者位数不对的情况。

（11）核查填表时间与审核时间：不要出现逻辑上的错误，比如审核时间早于填表时间；核查填表时间与审核时间是否正确。

（12）集中式污染治理设施不包括无动力的氧化塘和人工湿地。

3.1.1.6 对工业企业行业类别进行规范性整理的校验规则

数据审核过程中发现，各市普遍存在工业企业“行业类别”指标填报不准确现象，其中行业代码填报为水泥制造业（3011）、冶炼行业（包括炼钢 3120、炼铁 3110 及其他金属冶炼）、电力行业（包括火力发电 4411、热电联产 4412、生物质发电 4417、热力生产和供应业 4430）、造纸（前三位行业代码为 222 和 223）、印染（前两位行业代码为 17）的，出现行业代码填报错误的现象尤为严重。这些行业都是重污染行业，但是由于清查对象专业水平有限，错将企业名称相似或名称中出现上述行业名称字眼的轻污染、无污染企业归入上述重污染行业。如果对上述行业类别不进行规范性整理，将对后期数据汇总以及区域行业结构数据分析带来误导。重污染行业行业类别填报规范性整理，主要是依靠人工来进行的，由省级层面进行错误典型企业筛选后反馈至各市普查办，由点及面，由各市普查办根据省级反馈问题类型，分别列出辖区重污染行业单位名录，结合企业名称及工作经验进行全面错误筛查。省级重污染行业行业代码规范性整理主要有以下内容：

1）水泥制造行业（行业代码 3011）

水泥制造行业指以水泥熟料加入适量石膏或一定混合材，经研磨设备（水泥磨）磨制到规定的细度，制成水凝水泥的生产活动，还包括水泥熟料的生产活动。水泥制品制造、砼结构构件制造、石棉水泥制品制造、其他水泥制品制造等行业不应纳入水泥制造行业。经筛选企业名称中包含预制板、混凝土、砼业、建材厂，但行业类别填报为水泥制造行业（行业代码 3011）的需要重点核实是否存在错填情况。

2）炼铁行业（行业代码 3110）

炼铁行业指用高炉法、直接还原法、熔融还原法等，将铁从矿石等含铁化合物中还原出来的生产活动，并不包含对铁制品加工的行业，类似的还有炼钢、冶炼行业。经筛选企业名称中包含铸造、机械厂等的企业，正常情况下不属于炼铁行业，需要重点核实。

3）火力发电、生物质能发电、热电联产和热力生产和供应行业

火力发电行业（行业代码 4411）、热电联产行业（行业代码 4412）、生物质能发电行业（行业代码 4417）、热力生产和供应行业（行业代码 4430）为不同行业。火力发电行业（行业代码 4411）指利用燃料燃烧时产生的热能来加热水，使水变成高温、高压蒸汽，然后再由蒸汽推动汽轮机发电机组来发电的发电方式，包括下列火力发电活动：燃煤发电（包含煤矸石发电），燃气发电（不含沼气发电），燃油发电，燃气、蒸汽联合发电，余热余气发电，不包括热电联产生产活动［列入 4412（热电联产）］和生物质能发电［列入 4417（生物质能发电）］。热电联产行业（行业代码 4412）指既发电又提供热力的生产活动，火力发电厂在发电过程中，利用汽轮发电机做过功的蒸汽对用户供热的生产方式，是同时生产电能和热能的过程。生物质能发电行业（行业代码 4417）指主要利用农业、林业和工业废弃物，甚至城市垃圾为原料，采取直接燃烧或气化等方式的发电活动，包括下列

生物质能发电活动：农林废弃物直接燃烧发电、垃圾发电、沼气发电。热力生产和供应行业（行业代码 4430）指利用煤炭、油、燃气等能源，通过锅炉等装置生产蒸汽和热水，或外购蒸汽、热水进行供应销售、供热设施的维护和管理的活动，包括下列热力生产和供应活动：热力、热水的生产，收费的热力供应服务，外购蒸汽、热水的供应、销售以及供热设施的维护和管理，不包括既发电又提供热力的活动［列入 4412（热电联产）］。分别列出三个行业企业名录，结合企业名称及对当地企业信息掌握情况进行区分。

4）造纸和纸制品业（行业代码 22）

造纸和纸制品业（行业大类代码 22）包含：纸浆制造（行业中类代码 221），指经机械或化学方法加工纸浆的生产活动；造纸（行业中类代码 222），指用纸浆或其他原料（如矿渣棉、云母、石棉等）悬浮在流体中的纤维，经过造纸机或其他设备成型，或手工操作而成的纸及纸板的制造；纸制品制造（行业中类代码 223），指用纸及纸板为原料，进一步加工制成纸制品的生产活动。印刷厂不应归入造纸业，应归入印刷和记录媒介复制业（行业大类代码 23）。筛选企业名称中包含印刷厂，但行业类别填报为 22 的工业企业，须进行重点核实。同时拉出该行业企业名录，是否存在企业名称与造纸无关，但被纳入造纸和纸制品行业的问题。

5）纺织业（行业大类代码 17）

纺织业（行业大类代码 17）中的棉印染精加工行业（行业代码 1713）、毛染整精加工行业（行业代码 1723）、麻染整精加工行业（行业代码 1733）、丝印染精加工（行业代码 1743）、化纤织物染整精加工（行业代码 1752）包含对织物的漂白、染色、印花等工序，为纺织业行业大类中重污染行业小类，简单的服装裁剪、手套加工等不涉及印染的，不能列入上述印染行业。通过企业名称判断，很多小型手套加工厂错将行业代码填报为上述染整精加工行业。

工业企业行业类别的规范性整理无法靠审核软件进行，只能借助 Office 办公软件，筛选出区域填报上述重污染行业的企业清单后，根据企业名称进行大致判别，下发基层普查机构，由了解当地情况的技术人员进行核实。

3.1.2 入户调查阶段数据审核规则的制定

全面普查阶段，根据第 2 章中明确的数据审核规则制定的四大方面内容，制定了《山东省第二次全国污染源普查入户调查阶段数据审核规则》，并据此开发了《二污普区县数据审核工具-专网环境》，审核软件中除了包含数据审核规则要求的校核内容外，同步设计了报表拼接、指标筛选等数据处理功能，提供各级普查机构数据审核、处理使用。

3.1.2.1 工业源审核规则主要内容

1）G101-1 表（工业企业基本情况）审核细则

（1）统一社会信用代码：必填；阿拉伯数字或英文字母；首字母为 G，则为普查对象自编码，第 3～14 位应与 12 位统计用区划代码相同；统一社会信用代码、普查对象识别码：18+2 位数；组织机构代码：9+2 位数。停产企业是否要填写（是）。

（2）单位详细名称及曾用名：必填；停产企业是否要填写（是）。

（3）行业类别：必填；代码前两位在 05～46 之间；停产企业是否要填写（是）。

（4）单位所在地及区划：必填，与实际 12 位行政区划代码保持一致，区划代码为 12 位数字。停产企业是否要填写（是）。

（5）企业地理坐标：必填，先经度后纬度（度分秒格式）；度分秒不得均为 0。应在本市四至坐标范围内。停产企业是否要填写（是）。

（6）企业规模：必填，且为数值 1、2、3、4。停产企业是否要填写（是）。

（7）法定代表人（单位负责人）：必填。停产企业是否要填写（是）。

（8）开业（成立）时间：必填；年份为 4 位数且≤2017；月份在 1～12 之间。停产企业是否要填写（是）。

（9）联系方式：必填，座机应填写区号，区号应填写正确，非 11～12 位的，重点提醒审核。停产企业是否要填写（是）。

（10）登记注册类型：必填。停产企业是否要填写（是）。

（11）受纳水体：填写 G102 表（工业企业废水治理与排放情况），且 G102 表中指标 16（废水总排放口编号）非空的，必填。G102 表中 19 指标（排水去向类型）为 A（直接进入海域）或 D（进入城市下水道再进入沿海海域）的，受纳水体必须是海域或胶州湾；排水去向类型为 B（直接进入江河湖、库等水环境）或 C（进入城市下水道再进入江河湖库）的，受纳水体不能为海域或胶州湾。受纳水体代码与国家下发代码进行校核。停产企业是否要填写（是）。

排水去向类型代码表

代码	排水去向类型	代码	排水去向类型
A	直接进入海域	F	直接进入污灌农田
B	直接进入江河湖、库等水环境	G	进入地渗或蒸发地
C	进入城市下水道（再入江河、湖、库）	H	进入其他单位
D	进入城市下水道（再入沿海海域）	L	进入工业废水集中处理厂
E	进入城市污水处理厂	K	其他

（12）是否发放新版排污许可证：必填；选 1（是）的，则许可证编号为 22 位编码，前 18 位与统一社会信用代码相同；选 2（否）的，则许可证编号为空。停产企业是否要填写（是）。

（13）企业运行状态：必填。选 2（全年停产）的 G106-1 表（工业企业污染物产排污系数核算信息）不填。停产企业是否要填写（是）。

（14）正常生产时间（小时）：必填且≤8 760，保留整数。停产企业是否要填写（否）。

（15）工业总产值（当年价格）：必填；超过 70 000 000 元的重点核实。停产企业是否要填写（否）。

（16）产生工业废水：必填；一是选 1（是）的，需填报 G102 表（工业企业废水治理与排放情况），同时需要填报 G106-1 表（工业企业污染物产排污系数核算信息）且 G106-1 表中指标 1（对应的普查表号）填写 G102。二是重点核实行业代码为 1713、1723、1733、1743、1752、1762（印染行业）、221（制浆）、222（造纸）

的企业，理论上应选“是”，并填报 G102 表（工业企业废水治理与排放情况）、G106-1 表（工业企业污染物产排污系数核算信息），否则核实该指标是否填报错误或行业代码错误。三是与二污普填报助手校对，该企业填报的行业类别，在二污普填报助手中有污染物排放的，该指标原则上应选 1（是）。停产企业是否要填写（是）。

（17）有锅炉/燃气轮机：必填；选 1（是）的，需填报 G103-1 表（工业企业锅炉/燃气轮机废气治理与排放情况）。G103-1 表中指标 08、14（运行时间）>0 的，同时需要填报 G106-1 表（工业企业污染物产排污系数核算信息），且指标“对应的普查表号”中填写 G103-1。停产企业是否要填写（是）。

（18）有工业炉窑：必填；选 1（是）的，需填报 G103-2 表（工业企业炉窑废气治理与排放情况）。停产企业是否要填写（是）。

（19）有炼焦工序：必填；选 1（是）的，一是需填报 G103-3 表（钢铁与炼焦企业炼焦废气治理与排放情况）。G103-3 表中指标 05（年生产时间）>0 的，需填报 G106-1 表（工业企业污染物产排污系数核算信息），G106-1 表中指标“对应的普查表号”中填写 G103-3。二是 G101-1 表中指标 03（行业类别）包含 2521 炼焦。停产企业是否要填写（是）。

（20）有烧结/球团工序：必填；选 1（是）的，需填报 G103-4 表（钢铁企业烧结/球团废气治理与排放情况）。G103-4 表中指标 03（设备年生产时间）>0 的，需要填报 G106-1 表（工业企业污染物产排污系数核算信息），G106-1 表中对应的普查表号填写 G103-4。停产企业是否要填写（是）。

（21）有炼铁工序：必填；选 1（是）的，需填报 G103-5 表（钢铁企业炼铁生产废气治理与排放情况）。G103-5 表中指标 03（高炉年生产时间）>0 的，需要填报 G106-1 表（工业企业污染物产排污系数核算信息），G106-1 表中对应的普查表号填写 G103-5。G101-1 表中指标 03（行业类别）应包含 3110 炼铁。停产企业是否要填写（是）。

（22）有炼钢工序：必填；选 1（是）的，需填报 G103-6（钢铁企业炼钢生产废气治理与排放情况）。G103-6 表中指标 03（设备年生产时间）>0 的，需要填报 G106-1 表（工业企业污染物产排污系数核算信息），G106-1 表中对应的普查表号填写 G103-6。G101-1 表中指标 03（行业类别）应包含 3120 炼钢。停产企业是否要填写（是）。

（23）有熟料生产：必填；选 1（是）的，需填报 G103-7 表（水泥企业熟料生产废气治理与排放情况）。G103-7 表中指标 03（设备年运行时间）>0 的，需填报 G106-1 表（工业企业污染物产排污系数核算信息），在 G106-1 表对应的普查表号填写 G103-7。G101-1 表中指标 03（行业类别）应包含 3011 水泥制造。停产企业是否要填写（是）。

（24）是否为石化企业：必填。G101-1 表中指标 03（行业类别）包含 2511 或前三位为 265、282 等，原则上应选 1（是）。停产企业是否要填写（是）。

（25）行业代码包含 2511 原油加工及石油制品制造、265 合成材料制造、282 合成纤维制造的，指标“是否为石化企业”应选 1（是）。

（26）指标“是否为石化企业”选 1（是）的，G103-8 表（石化企业工艺加热炉废气治理与排放情况）和 G103-9 表（石化企业生产工艺废气治理与排放情况）不能同时为空。G103-8 表中指标 06 或 G103-9 表中指标 05（年生产时间）>0 的，需要填报 G106-1 表。停产企业是否要填写（是）。

（27）有机液体储罐/装载：必填；G101-1 指标 03（行业类别）中包含 2511、2519、2521、2522、2619、2621、2631、2652、2523、2614、2653、2710 中任一行业的，重点审核是否应选择 1（是）。停产企业是否要填写（是）。

（28）含挥发性有机物原辅材料使用：必填；G101-1 指标 03 中包含 1713、1723、1733、1743、1752、1762、1951、1952、1953、1954、1959、2021、2022、2023、2029、2110、2631、2632、2710、2720、2730、2740、2750、2761、3130、3311、3331、3511、3512、3513、3514、3515、3516、3517、3611、3612、3630、3640、3650、3660、3670、3731、3732、3733、3734、3735 及前两位包含 22、23、38、39、40 中任一行业的，重点审核是否应选择 1（是）。停产企业是否要填写（是）。

（29）有工业固体物料堆存：必填。停产企业是否要填写（是）。

（30）有其他生产废气：必填；在 G106-1 表（工业企业污染物产排污系数核算信息）对应的普查表号中填写 G103-13。停产企业是否要填写（是）。

（31）一般工业固体废物：必填；一是 G101-3 中，指标 2（能源代码）为 1～10、32、33、34，且指标 4（使用量）－ 指标 5（用作原辅材料量）＞0 的，原则上该指标应选 1（是），且应填报 G104-1 表（工业企业一般工业固体废物产生与处理利用信息）。二是 G101-1 表中指标 03（行业代码）包含 3216（铝冶炼）、3120（炼钢）、44（电力热力生产供应业）、06（煤炭开采和洗选业）、08（黑色金属矿采选业）、09（有色金属采选业）中任一行业的，原则上应选 1（是）。停产企业是否要填写（是）。

（32）危险废物：必填。停产企业是否要填写（是）。

（33）备注：非必填。停产企业是否要填写（非必填）。

2）G101-2 表（工业企业主要产品、生产工艺基本情况）审核细则

（1）产品名称：必填；须与二污普填报助手中主要产品、原料、生产工艺相应的产品名称相同，选择“其他”的要明确具体的其他产品名称。停产企业是否要填写（是）。

（2）产品代码：必填；须与二污普填报助手中主要产品、原料、生产工艺中的产品代码保持一致。停产企业是否要填写（是）。

（3）生产工艺名称：必填，须与二污普填报助手中主要产品、原料、生产工艺相应的生产工艺名称相同，选择“其他”的要明确其他生产工艺的具体名称。停产企业是否要填写（是）。

（4）生产工艺代码：必填；须与二污普填报助手中主要产品、原料、生产工艺中的生产工艺代码保持一致。停产企业是否要填写（是）。

（5）计量单位：必填；须与二污普填报助手中主要产品、原料、生产工艺相应的产品单位对应。停产企业是否要填写（是）。

（6）生产能力：必填。停产企业是否要填写（是）。

（7）实际产量：必填，全厂 G103-1 表至 G103-13 表中同代码的产品产量加和小于指标 06（生产能力）。停产企业是否要填写（否）。

3）G101-3 表（工业企业主要原辅材料使用、能源消耗基本情况）审核细则

（1）原辅材料/能源名称：一是原辅料材料使用情况：必填；须与二污普填报助手中主要产品、原料、生产工艺相应的原辅材料名称相同，选择“其他”的要明确其他原辅材料的名称。二是主要能源消耗情况：非必填，若填报，则名称应与指标解释中的《燃料类型及代码表》中的名称保持一致。三是原辅材料栏不能出现《燃料类型及代码表》中燃料类型及代码表中的能源类型。四是指标 4（能源使用量）– 指标 5（用作原辅材料量）＞0 的，至少填报 G103-1 至 G103-13 其中一张表格。停产企业是否要填写（是）。

（2）原辅材料/能源代码：一是原辅材料代码：必填；须与二污普填报助手中主要产品、原料、生产工艺中的原辅材料代码保持一致。二是能源消耗代码，若填报了能源名称的，则代码必填，且与指标解释中的《燃料类型及代码表》中代码保持一致。停产企业是否要填写（是）。

燃料类型及代码表

能源名称	计量单位	代码	参考折标准煤系数/（吨标准煤/吨）	参考发热量
原煤	吨	1	—	—
无烟煤	吨	2	0.942 8	约 6 000 千卡/千克
炼焦烟煤	吨	3	0.9	约 6 000 千卡/千克
一般烟煤	吨	4	0.714 3	4 500～5 500 千卡/千克
褐煤	吨	5	0.428 6	2 500～3 500 千卡/千克
洗精煤（用于炼焦）	吨	6	0.9	约 6 000 千卡/千克
其他洗煤	吨	7	0.464 3～0.9	2 500～6 000 千卡/千克
煤制品	吨	8	0.528 6	3 000～5 000 千卡/千克
焦炭	吨	9	0.971 4	约 6 800 千卡/千克
其他焦化产品	吨	10	1.1～1.5	7 700～10 500 千卡/千克
焦炉煤气	万立方米	11	5.714～6.143*	4 000～4 300 千卡/立方米
高炉煤气	万立方米	12	1.286*	约 900 千卡/立方米
转炉煤气	万立方米	13	2.714*	约 1 900 千卡/立方米
发生炉煤气	万立方米	14	1.786*	约 1 250 千卡/立方米
天然气	万立方米	15	11.0～13.3*	7 700～9 300 千卡/立方米

能源名称	计量单位	代码	参考折标准煤系数/（吨标准煤/吨）	参考发热量
液化天然气	吨	16	1.757 2	约 12 300 千卡/千克
煤层气	万立方米	17	11*	约 7 700 千卡/立方米
原油	吨	18	1.428 6	约 10 000 千卡/千克
汽油	吨	19	1.471 4	约 10 300 千卡/千克
煤油	吨	20	1.471 4	约 10 300 千卡/千克
柴油	吨	21	1.457 1	约 10 200 千卡/千克
燃料油	吨	22	1.428 6	约 10 000 千卡/千克
液化石油气	吨	23	1.714 3	约 12 000 千卡/千克
炼厂干气	吨	24	1.571 4	约 11 000 千卡/千克
石脑油	吨	25	1.5	约 10 500 千卡/千克
润滑油	吨	26	1.414 3	约 9 900 千卡/千克
石蜡	吨	27	1.364 8	约 9 550 千卡/千克
溶剂油	吨	28	1.467 2	约 10 270 千卡/千克
石油焦	吨	29	1.091 8	约 7 640 千卡/千克
石油沥青	吨	30	1.330 7	约 9 310 千卡/千克
其他石油制品	吨	31	1.4	约 9 800 千卡/千克
煤矸石（用于燃料）	吨	32	0.285 7	约 2 000 千卡/千克
城市生活垃圾(用于燃料)	吨	33	0.271 4	约 1 900 千卡/千克
生物燃料	吨标准煤	34	1	7 000 千卡/千克标准煤
工业废料（用于燃料）	吨	35	0.428 5	约 3 000 千卡/千克
其他燃料	吨标准煤	36	1	7 000 千卡/千克标准煤

注：*参考折标准煤系数，单位为吨标准煤/万立方米。

（3）计量单位：一是原辅材料使用：必填；原辅材料使用的计量单位须与二污普填报助手中主要产品、原料、生产工艺中的原辅材料代码一致。二是主要能源消耗情况：能源名称填报的，计量单位必填，且与《燃料类型及代码表》中单位保持一致。停产企业是否要填写（否）。

（4）使用量：一是原辅材料使用情况，必填。二是能源使用量：若能源名称填报了的，则必填。停产企业是否要填写（否）。

（5）用作原辅材料量：若该指标填报，则应≤本表指标 4（使用量）。对于行业代码前两位为 44 的，原则上用作原辅材料量为 0；行业代码为 3011 的，原则上用作原辅材料量基本等于指标 4（能源使用量）。停产企业是否要填写（否）。

4）G102 表（工业企业废水治理与排放情况）审核细则

（1）取水量（立方米）：必填；指标 01=02+03+04+05。大于 60 000 000 立方米的重点核实。停产企业是否要填写（否）。

（2）其中：城市自来水：停产企业是否要填写（否）。

（3）自备水：停产企业是否要填写（否）。

（4）水利工程供水：停产企业是否要填写（否）。

（5）其他工业企业供水：停产企业是否要填写（否）。

（6）废水治理设施数：必填，与指标 07（废水类型/名称）、指标 8（设计处理能力）、指标 9（年运行小时）同有同无。停产企业是否要填写（是）。

（7）废水类型名称/代码：指标 06（废水治理设施数）非 0 时必填，且应与《废水类型及代码表》中类型及代码一致。停产企业是否要填写（是）。

废水类型及代码

代码	废水类型
FSLX01	酸碱废水
FSLX02	含油废水
FSLX03	含硫废水
FSLX04	含氨废水
FSLX05	含氟废水
FSLX06	含磷废水
FSLX07	含酚废水
FSLX08	酚氰废水
FSLX09	有机废水
FSLX10	含重金属废水
FSLX11	含重金属以外第一类污染物废水
FSLX12	含盐废水
FSLX13	含悬浮物废水
FSLX14	综合废水
FSLX15	其他废水

（8）设计处理能力（立方米/日）：指标 06（废水治理设施数）非 0 时必填。停产企业是否要填写（是）。

（9）处理方法名称/代码：指标 06（废水治理设施数）非 0 时必填，且应与《废水类型及代码表》中的类型及代码一致。且名称及代码为 4000 好氧生物处理法、4100 活性污泥法、4110A/O 工艺、4120 A^2/O 工艺、4130 A/02 工艺、4140 氧化沟工艺、4230 生物接触氧化法、5000 厌氧生物处理法、5100 厌氧水解类中一种或几种的，正常情况下应有污泥产生，至少应填报 G104-1 表（工业企业一般工业固体废物产生与处理信息）或 G104-2 表（工业企业危险废物产生与处理信息）中的一个。停产企业是否要填写（是）。

废水处理方法名称及代码表

代码	处理方法名称	代码	处理方法名称	代码	处理方法名称
1000	物理处理法	4000	好氧生物处理法	6000	稳定塘、人工湿地及土地处理法
1100	过滤分离	4100	活性污泥法	6100	稳定塘
1200	膜分离	4110	A/O 工艺	6110	好氧化塘
1300	离心分离	4120	A^2/O 工艺	6120	厌氧塘
1400	沉淀分离	4130	A/O^2 工艺	6130	兼性塘
1500	上浮分离	4140	氧化沟类	6140	曝气塘
1600	蒸发结晶	4150	SBR 类	6200	人工湿地
1700	其他	4160	MBR 类	6300	土地渗滤
2000	化学处理法	4170	AB 法		
2100	中和法	4200	生物膜法		
2200	化学沉淀法	4210	生物滤池		
2300	氧化还原法	4220	生物转盘		
2400	电解法	4230	生物接触氧化法		
2500	其他	5000	厌氧生物处理法		
3000	物理化学处理法	5100	厌氧水解类		
3100	化学混凝法	5200	定型厌氧反应器类		
3200	吸附	5300	厌氧生物滤池		
3300	离子交换	5400	其他		
3400	电渗析				
3500	其他				

（10）年运行小时：指标 06（废水治理设施数）非 0 时必填，且≤8 760。大于 0 且小于等于 365 的核实是否错以天为单位进行填报。停产企业是否要填写（否）。

（11）年实际处理水量：指标 06（废水治理设施数）非 0 时必填。停产企业是否要填写（否）。

（12）其中：处理其他单位水量：小于等于指标 11（年实际处理水量）。停产企业是否要填写（否）。

（13）加盖密闭情况：G101-1 表（工业企业基本情况）指标 03（行业类别）中包含 2511、2519、2521、2522、2523、2614、2619、2621、2631、2652、2653、2710 的，必填。停产企业是否要填写（是）。

（14）处理后废水去向：指标 06（废水治理设施数）非 0 时必填。停产企业是否要填写（是）。

（15）废水总排放口数：必填；指标 14（处理后废水去向）选 2（经排放口排出厂区）的必填且不得为 0。停产企业是否要填写（是）。

（16）废水总排放口编号：若指标 15（废水总排放口数）填 0，则空值；若指标 15（废水总排放口数）非 0，代码格式为 DW+3 位数字。停产企业是否要填写（是）。

（17）废水总排放口名称：若指标 15（废水总排放口数）填 0，则空值；若指标 15（废水总排放口数）非 0，则必填，格式为“××企业（G101-1 指标 02）+废水总排放口类型（G102 指标 18）”。停产企业是否要填写（是）。

（18）废水总排放口类型：若指标 15（废水总排放口数）填 0，则空值；若指标 15（废水总排放口数）非 0，则必填。停产企业是否要填写（是）。

（19）排水去向类型：若指标 15（废水总排放口数）填 0，则空值；若指标 15（废水总排放口数）非 0，则必填。停产企业是否要填写（是）。

（20）排入污水处理厂/企业名称：本表指标 19（排水去向类型）选择了 L（进入工业废水集中处理厂）、H（进入其他单位）、E（进入城市污水处理厂）的，必填；选择了 E（进入城市污水处理厂）和 L（进入工业废水集中处理厂）的，污水处理厂名称必须与 J101-1 表（集中式污水处理厂）中名称一致，且 G106-2 表（工业企业废水监测数据）必填。选择了 E（进入城市污水处理厂）的，重金属排放浓度不得与污水厂出口浓度相同。停产企业是否要填写（是）。

（21）排放口地理坐标：若指标 15（废水总排放口数）填 0，则空值；若指标 15（废水总排放口数）非 0，则必填。停产企业是否要填写（是）。

（22）废水排放量：停产企业是否要填写（否）。

（23）化学需氧量产生量：≥本表中指标 24（化学需氧量排放量）。停产企业是否要填写（否）。

（24）氨氮产生量：≥本表中指标 26（氨氮排放量）。停产企业是否要填写（否）。

（25）总氮产生量：≥本表中指标 28（总氮排放量），≥本表中指标 24（氨氮的产生量）。停产企业是否要填写（否）。

（26）总磷产生量：≥本表中指标 30（总磷排放量）。停产企业是否要填写（否）。

（27）石油类产生量：≥本表中指标 32（石油类排放量）。停产企业是否要填写（否）。

（28）挥发酚产生量：≥本表中指标 34（挥发酚排放量）。停产企业是否要填写（否）。

（29）氰化物产生量：≥本表中指标 36（氰化物排放量）。停产企业是否要填写（否）。

（30）总砷产生量：≥本表中指标 38（总砷排放量），保留 3 位小数。停产企业是否要填写（否）。

（31）总铅产生量：≥本表中指标 40（总铅排放量）。停产企业是否要填写（否）。

（32）总镉产生量：≥本表中指标 42（总镉排放量）。停产企业是否要填写（否）。

（33）总铬产生量：≥本表中指标 44（总铬排放量）；≥本表中指标 45（六价铬产生量）。停产企业是否要填写（否）。

（34）六价铬产生量：≥本表中指标 46（六价铬排放量）。停产企业是否要填写（否）。

（35）总汞产生量：≥本表中指标48（总汞排放量）。停产企业是否要填写（否）。

（36）总铬排放量：≥本表中指标46（六价铬排放量）。停产企业是否要填写（否）。

5）G103-1表（工业企业锅炉/燃气轮机废气治理与排放情况）审核细则

（1）电站锅炉/燃气轮机编号：同一企业所有设备编号以MF开头，且编号结构为MF+4位数字。停产企业是否要填写（是）。

（2）电站锅炉/燃气轮机类型：指标01（电站锅炉/燃气轮机编号）为空则为空；指标01填写则必填；选择R5（余热利用锅炉）的，仅填指标02（电站锅炉/燃气轮机类型）、03（对应机组编号）、04（对应机组装机容量）、05（是否热电联产）、07（电站锅炉/燃气轮机额定出力）、08（电站锅炉/燃气轮机运行时间）、15（发电量）或16（供热量）。停产企业是否要填写（是）。

锅炉/燃气轮机类型代码表

代码	按燃料类型分
R1	燃煤锅炉
R2	燃油锅炉
R3	燃气锅炉
R4	燃生物质锅炉
R5	余热利用锅炉
R6	其他锅炉
R7	燃气轮机

（3）对应机组编号：指标01（电站锅炉/燃气轮机编号）为空则为空；指标01填写则必填。停产企业是否要填写（是）。

（4）对应机组装机容量（万千瓦）：指标01（电站锅炉/燃气轮机编号）为空则为空；指标01填写则必填。原则上该指标≤200；装机容量×本表指标08（电站锅炉/燃气轮机运行时间）大于发电量的10倍，则重点审核。停产企业是否要填写（是）。

（5）是否热电联产：指标 01（电站锅炉/燃气轮机编号）为空则为空；指标 01 填写则必填。停产企业是否要填写（是）。

（6）电站锅炉燃烧方式名称：指标 01（电站锅炉/燃气轮机编号）为空则为空；指标 02（电站锅炉/燃气轮机类型）代码为 R5（余热利用锅炉）、R7（燃气轮机）时此处为空；指标 02（电站锅炉/燃气轮机类型）代码为 R1（燃煤锅炉）时此处为 RM01 至 RM06；指标 02（电站锅炉/燃气轮机类型）代码为 R2（燃油锅炉）时此处为 RY01 至 RY02；指标 02 代码为 R3（燃气锅炉）时此处为 RQ01 至 RQ02；指标 02 代码为 R4（燃生物质锅炉）时此处为 RS01 至 RS02。停产企业是否要填写（是）。

锅炉燃烧方式及代码表

代码	燃煤锅炉	代码	燃油锅炉	代码	生物质锅炉	代码	燃气锅炉
RM01	抛煤机炉	RY01	室燃炉	RS01	层燃炉	RQ01	室燃炉
RM02	链条炉	RY02	其他	RS02	其他	RQ02	其他
RM03	其他层燃炉	—	—	—	—	—	—
RM04	循环流化床锅炉	—	—	—	—	—	—
RM05	煤粉炉	—	—	—	—	—	—
RM06	其他	—	—	—	—	—	—

（7）电站锅炉/燃气轮机额定出力：指标 01（电站锅炉/燃气轮机编号）为空则为空；指标 01 填写则必填。原则上为整数，对于不为整数的，重点核实单位是否错填为兆瓦。超出 5 000 蒸吨的重点核实。停产企业是否要填写（是）。

（8）电站锅炉/燃气轮机运行时间（小时）：指标 01（电站锅炉/燃气轮机编号）为空则为空；指标 01 填写则必填，且≤8 760。运行时间大于 0 且小于等于 365 的，则严重怀疑以天为单位进行了错误填写。停产企业是否要填写（否）。

（9）工业锅炉编号：空值或格式 MF+4 位数字。停产企业是否要填写（是）。

（10）工业锅炉类型：指标 09（工业锅炉编号）为空则为空；指标 09 填写则

必填；选择 R5（余热利用锅炉）的，仅填指标 11（工业锅炉用途）、13（工业锅炉额定出力）、14（工业锅炉运行时间）、15（发电量）、16（供热量），可多选。停产企业是否要填写（是）。

（11）工业锅炉用途：指标 09（工业锅炉编号）为空则为空；09 指标填写则必填。停产企业是否要填写（是）。

（12）工业锅炉燃烧方式名称：指标 09（工业锅炉编号）为空则为空；指标 10（工业锅炉类型）为 R5（余热利用锅炉）时此处空值；指标 10 为 R1（燃煤锅炉）时此处为 RM01 至 RM06；指标 10 为 R2（燃油锅炉）时此处为 RY01 至 RY02；指标 10 为 R3（燃气锅炉）时此处为 RQ01 至 RQ02；指标 10 为 R4（燃生物质锅炉）时此处为 RS01 至 RS02。停产企业是否要填写（是）。

（13）工业锅炉额定出力（整吨/小时）：指标 09（工业锅炉编号）为空则为空；指标 09 填写则必填；原则上为整数，对于不为整数的，重点核实单位是否错填为兆瓦；超出 5 000 的重点核实。停产企业是否要填写（是）。

（14）工业锅炉运行时间（小时）：指标 09（工业锅炉编号）为空则为空；指标 09 填写则必填，且≤8 760。运行时间大于 0 且小于等于 365 的，则严重怀疑为按照天填写。停产企业是否要填写（否）。

（15）发电量（万千瓦时）：指标 08（电站锅炉/燃气轮机运行时间）＞0 的，必填，且≤指标 04（对应机组装机容量）×指标 08（电站锅炉/燃气轮机运行时间）。对于燃煤锅炉，发电标准煤耗=发电煤耗×1 000 000/[发电量（万千瓦时）×10 000]×0.714 3，超出 100～600 的重点核实。单台发电量应小于 600 000 万千瓦时。单台发电机组，电站锅炉/燃气轮机运行时间、发电量应同时为 0 或同时大于 0。停产企业是否要填写（否）。

（16）供热量（万吉焦）：指标 05（是否热电联产）选是且指标 08（电站锅炉/燃气轮机运行时间）＞0 的，必填且不得为 0。对于燃煤电厂/锅炉，供热量×10 000×40 kg/吉焦÷（折标系数）0.714 3÷1 000 与供热煤炭消耗量基本一致。停产企业是否要填写（否）。

（17）燃料一类型：上述表指标 08（电站锅炉/燃气轮机运行时间）＞0 且指标 06（电站锅炉燃烧方式名称）不为 R5 或指标 14（工业锅炉运行时间）＞0 且指标 12（工业锅炉类型燃烧方式名称）不为 R5，必填。所有燃料类型中，类型为 1～10、33、34 的，且燃料消耗量大于 0 的，G104-1 表（工业企业一般工业固体废物产生与处理利用信息）必填。停产企业是否要填写（否）。

（18）燃料一消耗量：指标 17（燃料一类型）已填报的，必填，且指标 18（燃料一消耗量）=19（发电消耗量）+20（供热消耗量）。停产企业是否要填写（否）。

（19）其中：发电消耗量：指标 01（电站锅炉/燃气轮机编号）和指标 17（燃料一消耗量）同时填报的，必填。停产企业是否要填写（否）。

（20）供热消耗量：指标 05（是否热电联产）选择“是”且指标 08（电站锅炉/燃气轮机运行时间）＞0，或指标 14（工业锅炉运行时间）＞0 的，必填。停产企业是否要填写（否）。

（21）燃料一低位发热量：指标 18（燃料一消耗量）填报的必填，值域结合指标 17（燃料一类型）及《燃料类型及代码表》填报，弹性系数取 0.8～1.2。停产企业是否要填写（否）。

（22）燃料一平均收到基含硫量（%）：指标 17（燃料一类型）选择 1～10 的，建议阈值 0.2～8；选择 18～22 的，建议不高于 0.000 05；为 11～15 的，建议不高于 200。停产企业是否要填写（否）。

（23）燃料一平均收到基灰分（%）：指标 17（燃料一类型）选择 1～10 的，数据区间介于 4～50 之间；指标 17 选择 11～26、28 的，不填。停产企业是否要填写（否）。

（24）燃料一平均干燥无灰基挥发分（%）：指标 17（燃料一类型）选择 1～10 的，必填，大于 100 的重点核实；指标 17 选择 11～26、28 的，不填。停产企业是否要填写（否）。

（25）燃料二类型：不得与指标 17（燃料一类型）重复。停产企业是否要填写（否）。

（26）燃料二消耗量：指标 25 不为空的，必填。停产企业是否要填写（否）。

（27）其中：发电消耗量：指标 25（燃料二类型）不为空且指标 01（电站锅炉/燃气轮机）不为空的，必填。停产企业是否要填写（否）。

（28）供热消耗量：指标 05（是否热电联产）选择“是”且指标 08（电站锅炉/燃气轮机运行时间）＞0 且指标 25（燃料二类型）不为空，或者，指标 14（工业锅炉运行时间）＞0 且指标 25（燃料二类型）不为空的，必填。停产企业是否要填写（否）。

（29）燃料二低位发热量：指标 25（燃料二类型）不为空时，必填。停产企业是否要填写（否）。

（30）燃料二平均收到基含硫量（%）：指标 25（燃料二类型）选择 1～10 的，建议阈值 0.2～8；选择 18～22 的，建议不高于 0.000 05；燃料类型为 11～15 的，建议不高于 200。停产企业是否要填写（否）。

（31）燃料二平均收到基灰分：指标 25（燃料二类型）选择 1～10 的，数据区间介于 4～50 之间；选择 11～26、28 的，不填。停产企业是否要填写（否）。

（32）燃料二平均干燥无灰基挥发分：指标 25（燃料二类型）选择 1～10 的，必填，大于 100 的重点核实；选择 11～26、28 的，不填。停产企业是否要填写（否）。

（33）排放口编号：指标 02（电站锅炉/燃气轮机类型）、12（工业锅炉类型）不为 R5（余热利用锅炉）的必填，编码格式为 DA+3 位数字。多个锅炉对应一个排放口的，编号要相同。停产企业是否要填写（是）。

（34）排放口地理坐标：本表指标 34（排放口编号）填写则必填。停产企业是否要填写（是）。

（35）排放口高度（米）：本表指标 34（排放口编号）填写则必填。大于 300，小于 2 的重点核实是否填报错误。≥45 的，G106-3 表（工业企业废气监测数据）原则上应填报，未填报的重点核实。停产企业是否要填写（是）。

（36）脱硫设施编号：多个锅炉共用一套治理设施的，编号要相同。即指标 37（脱硫设施编号）相同的，38（脱硫工艺）、41（脱硫剂名称）应相同，为 TA+3

位数字。停产企业是否要填写（是）。

（37）脱硫工艺：本表指标 37（脱硫设施编号）填报的，必填，脱硫工艺及代码应与《脱硫、脱硝、挥发性有机物处理工艺代码、名称》表中名称一致。脱硫工艺为 S03 石灰石-石膏法，S04 石灰-石膏法的，理论上应有脱硫石膏产生，应填报 G104-1 表（工业企业一般工业固体废物产生与处理利用信息）。停产企业是否要填写（否）。

脱硫、脱硝、除尘、挥发性有机物处理工艺代码、名称

代码	脱硫工艺	代码	脱硝工艺	代码	除尘工艺	代码	挥发性有机物处理工艺
—	炉内脱硫	—	炉内低氮技术	—	过滤式除尘	—	直接回收法
S01	炉内喷钙	N01	低氮燃烧法	P01	袋式除尘	V01	冷凝法
S02	型煤固硫	N02	循环流化床锅炉	P02	颗粒床除尘	V02	膜分离法
—	烟气脱硫	N03	烟气循环燃烧	P03	管式过滤	—	间接回收法
S03	石灰石/石膏法	—	烟气脱硝	—	静电除尘	V03	吸收+分流
S04	石灰/石膏法	N04	选择性非催化还原法（SNCR）	P04	低低温	V04	吸附+蒸气解析
S05	氧化镁法	N05	选择性催化还原法（SCR）	P05	板式	V05	吸附+氮气/空气解析
S06	海水脱硫法	N06	活性炭（焦）法	P06	管式	—	热氧化法
S07	氨法	N07	氧化/吸收法	P07	湿式除雾	V06	直接燃烧法
S08	双碱法	N08	其他	—	湿法除尘	V07	热力燃烧法
S09	烟气循环流化床法			P08	文丘里	V08	吸附/热力燃烧法
S10	旋转喷雾干燥法			P09	离心水膜	V09	蓄热式热力燃烧法
S11	活性炭（焦）法			P10	喷淋塔/冲击水浴	V10	催化燃烧法
S12	其他			—	旋风除尘	V11	吸附/催化燃烧法
				P11	单筒（多筒并联）旋风	V12	蓄热式催化燃烧法
				P12	多管旋风	—	生物降解法
				—	组合式除尘	V13	悬浮洗涤法
				P13	电袋组合	V14	生物过滤法

代码	脱硫工艺	代码	脱硝工艺	代码	除尘工艺	代码	挥发性有机物处理工艺
				P14	旋风+布袋	V15	生物滴滤法
				P15	其他	—	高级氧化法
						V16	低温等离子体
						V17	光解
						V18	光催化
						V19	其他

（38）脱硫效率：＜100。小于 1 的，重点核实单位是否未以%为单位进行填报。停产企业是否要填写（否）。

（39）脱硫设施年运行时间（小时）：本表指标 37（脱硫设施编号）填报的，必填，且≤8 760。大于 0 且小于等于 365 的，核实是否错以天为单位进行填报。停产企业是否要填写（否）。

（40）脱硫剂名称：本表指标 37（脱硫设施编号）填报的，必填。停产企业是否要填写（否）。

（41）脱硫剂使用量：本表指标 40（脱硫设施年运行时间）＞0 的，必填且＞0。停产企业是否要填写（否）。

（42）是否采用低氮燃烧技术：必填。停产企业是否要填写（是）。

（43）脱硝设施编号：多个锅炉共有一套治理设施的，编号要相同。指标 44（脱硝设施编号）相同的，45（脱硝工艺）、48（脱硝剂名称）应相同，格式为 TA+3 位数字。停产企业是否要填写（是）。

（44）脱硝工艺：本表指标 44（脱硝设施编号）填报的，必填。脱硝工艺及代码应与《脱硫、脱硝、挥发性有机物处理工艺代码、名称》中工艺名称一致。停产企业是否要填写（是）。

（45）脱硝效率：应＜100。小于 1 的，重点核实单位是否未以%为单位进行填报。停产企业是否要填写（否）。

（46）脱硝设施年运行时间（小时）：≤8 760。大于 0 且小于等于 365 的，核实是否误以天为单位进行填报。停产企业是否要填写（否）。

（47）脱硝剂名称：本表指标 44（脱硝设施编号）填报了的，必填。停产企业是否要填写（否）。

（48）脱硝剂使用量：本表指标 47（脱硝设施年运行时间）＞0 的，必填且＞0。停产企业是否要填写（否）。

（49）除尘设施编号：多个锅炉共用一套治理设施的，编号要相同。指标 50（除尘设施编号）相同的，指标 51（除尘工艺）应相同，结构为 TA+3 位数字。停产企业是否要填写（是）。

（50）除尘工艺：除尘工艺及代码应与《脱硫、脱硝、挥发性有机物处理工艺代码、名称》中名称一致。停产企业是否要填写（是）。

（51）除尘效率：应＜100。小于 1 的，重点核实单位是否误以%为单位进行填报。停产企业是否要填写（否）。

（52）除尘设施年运行时间（小时）：若不为空，则应≤8 760。停产企业是否要填写（否）。

（53）二氧化硫排放量：≤指标 55（二氧化硫产生量）；与指标 58（氮氧化物排放量）、60（颗粒物排放量）同有同无。停产企业是否要填写（否）。

（54）氮氧化物排放量：≤指标 58（氮氧化物产生量）。停产企业是否要填写（否）。

（55）颗粒物排放量：≤指标 59（颗粒物产生量）。停产企业是否要填写（否）。

（56）挥发性有机物排放量：≤指标 61（挥发性有机物产生量）。停产企业是否要填写（否）。

（57）废气砷排放量：≤指标 64（废气砷产生量）。停产企业是否要填写（否）。

（58）废气铅排放量：≤指标 66（废气铅产生量）。停产企业是否要填写（否）。

（59）废气镉排放量：≤指标 68（废气镉产生量）。停产企业是否要填写（否）。

（60）废气铬排放量：≤指标 70（废气铬产生量）。停产企业是否要填写（否）。

（61）废气汞排放量：≤指标 70（废气汞产生量）。停产企业是否要填写（否）。

6）G103-2 表（工业企业炉窑废气治理与排放情况）审核细则

（1）炉窑类型：必填。停产企业是否要填写（是）。

工业炉窑类别代码表

代码	工业炉窑类别	代码	工业炉窑类别
01	熔炼炉	10	热处理炉
02	熔化炉	11	烧成窑
03	加热炉	12	干燥炉（窑）
04	管式炉	13	熔煅烧炉（窑）
05	接触反应炉	14	电弧炉
06	裂解炉	15	感应炉（高温冶炼）
07	电石炉	16	焚烧炉
08	煅烧炉	17	煤气发生炉
09	沸腾炉	18	其他工业炉窑

（2）炉窑编号：编号编码格式为 MF+4 位数字。同一企业所有设备 MF 开头的编号不能相同。停产企业是否要填写（是）。

（3）炉窑规模：必填。停产企业是否要填写（是）。

（4）炉窑规模的计量单位：必填。停产企业是否要填写（是）。

（5）年生产时间（小时）：必填，且≤8 760。大于 0 且小于等于 365 的，核实是否错以天为单位进行填报。停产企业是否要填写（否）。

（6）燃料一类型：05 指标（年生产时间）>0 的，必填。停产企业是否要填写（否）。

（7）燃料一消耗量：填写 06 指标（燃料一类型）且 05 指标（年生产时间）>0 的，必填且≥0。类型为 1～10、33、34 的，且燃料消耗量大于 0 的，G104-1 表（工业企业一般工业固体废物产生和处理利用信息）必填。停产企业是否要填写（否）。

（8）燃料一低位发热量：填写 06 指标（燃料一类型）的，必填。值域结合指标燃料类型及代码表填报，弹性系数取 0.8～1.2。停产企业是否要填写（否）。

（9）燃料一平均收到基含硫量（%）：指标 06（燃料一类型）选择 1～10 的，建议阈值 0.2～8；燃料类型 18～22 的，建议不高于 0.000 05；燃料类型为 11～15 的，建议不高于 200。停产企业是否要填写（否）。

（10）燃料一平均收到基灰分（%）：指标 06（燃料一类型）选填 1～10 的，数据区间介于 4～50；指标 06 选填 11～26、28 的，不填。停产企业是否要填写（否）。

（11）燃料一平均干燥无灰基挥发分：指标 06（燃料一类型）选填 1～10 的，必填，大于 100 的重点核实；指标 06（燃料一类型）选填 11～26、28 的，不填。停产企业是否要填写（否）。

（12）燃料二类型：不与指标 06（燃料一类型）重复。停产企业是否要填写（否）。

（13）燃料二消耗量：指标 12（燃料二类型）填写的，必填。停产企业是否要填写（否）。

（14）燃料二低位发热量（千卡/千克）：指标 12（燃料二类型）填写的，必填。值域结合燃料类型及代码表填报，弹性系数取 0.8～1.2。停产企业是否要填写（否）。

（15）燃料二平均收到基含硫量（%）：指标 12（燃料二类型）选择 1～10 的，建议阈值 0.2～8；选择 18～22 的，建议不高于 0.000 05；选择为 11～15 的，建议不高于 200。停产企业是否要填写（否）。

（16）燃料二平均收到基灰分（%）：指标 12（燃料二类型）选填 1～10 的，数据区间介于 4～50 之间；指标 12 选填 11～26、28 的，不填。停产企业是否要填写（否）。

（17）燃料二平均干燥无灰基挥发分：指标 12（燃料二类型）选填 1～10 的，必填，大于 100 的重点核实；选填 11～26、28 的，不填。停产企业是否要填写（否）。

（18）产品名称：05 指标（年生产时间）＞0 的，必填，须与二污普填报助手中主要产品、原料、生产工艺相应产品名称对应，选择其他要明确具体内容。停产企业是否要填写（是）。

（19）产品产量：05 指标（年生产时间）＞0 的，必填。停产企业是否要填写（否）。

（20）产品产量的计量单位：必填；计量单位须与二污普填报助手中主要产品、原料、生产工艺相应产品单位对应，--。停产企业是否要填写（否）。

（21）原料名称：必填，须与二污普填报助手中主要产品、原料、生产工艺相应原料名称对应，选择其他要明确具体内容。停产企业是否要填写（是）。

（22）原料用量：05 指标（年生产时间）＞0 的，必填。停产企业是否要填写（否）。

（23）原料用量的计量单位：必填；计量单位须与二污普填报助手中主要产品、原料、生产工艺相应原料单位对应，--。停产企业是否要填写（否）。

（24）脱硫设施编号：多个炉窑共用一套治理设施的，编号要相同。即指标25（脱硫设施编号）相同的，26（脱硫工艺）、29（脱硫剂名称）应相同，为TA+3位数字。停产企业是否要填写（是）。

（25）脱硫工艺：指标 25（脱硫设施编号）填报的，必填。脱硫工艺及代码应与表 5 脱硫、脱硝、挥发性有机物处理工艺代码、名称一致。停产企业是否要填写（是）。

（26）脱硫效率：必填。一是应＜100。二是小于 1 的，重点核实单位是否没有以%为单位进行填报。停产企业是否要填写（否）。

（27）脱硫设施年运行时间（小时）：指标 25（脱硫设施编号）填报的，必填且≤8 760。大于 0 且小于等于 365 的，核实是否误以天为单位进行填报。停产企业是否要填写（否）。

（28）脱硫剂名称：指标 25（脱硫设施编号）填报的，必填。停产企业是否要填写（否）。

（29）脱硫剂使用量：指标 25（脱硫设施编号）填报且 05 指标（年生产时间）

>0 的，必填且>0。停产企业是否要填写（否）。

（30）脱硝设施编号：多个炉窑共有一套治理设施的，编号要相同。即指标 31（脱硝设施编号）相同的，指标 32（脱硝工艺）、35（脱硝剂名称）应相同，格式为 TA+3 位数字。停产企业是否要填写（是）。

（31）脱硝工艺：指标 31（脱硝设施编号）填报的，必填。脱硝工艺及代码应与表 5 脱硫、脱硝、挥发性有机物处理工艺代码、名称一致。停产企业是否要填写（是）。

（32）脱硝效率：指标 31（脱硝设施编号）填报且 05 指标（年生产时间）>0 的，必填且>0。一是应<100。二是小于 1 的，重点核实单位是否未以%为单位进行填报。停产企业是否要填写（否）。

（33）脱硝设施年运行时间（小时）：指标 31（脱硝设施编号）填报且 05 指标（年生产时间）>0 的，必填且≤8 760。大于 0 且小于等于 365 的，核实是否错以天为单位进行填报。停产企业是否要填写（否）。

（34）脱硝剂名称：指标 31（脱硝设施编号）填报的，必填。停产企业是否要填写（否）。

（35）脱硝剂使用量：指标 31（脱硝设施编号）填报且 05 指标（年生产时间）>0 的，必填。停产企业是否要填写（否）。

（36）除尘设施编号：多个炉窑共有一套治理设施的，编号要相同。即指标 37（除尘设施编号）相同的，指标 38（除尘工艺）相同。编号格式为 TA+3 位数字。停产企业是否要填写（是）。

（37）除尘工艺：指标 37（除尘设施编号）填报的，必填。除尘工艺及代码应与表 5 脱硫、脱硝、挥发性有机物处理工艺代码、名称一致。停产企业是否要填写（是）。

（38）除尘效率：指标 37（除尘设施编号）填报的，必填。一是应<100。二是小于 1 的，重点核实单位是否未以%为单位进行填报。停产企业是否要填写（否）。

（39）除尘设施年运行时间（小时）：指标 37（除尘设施编号）填报的且指标

05（年生产时间）＞0 的，必填，且≤8 760。大于 0 且小于等于 365 的，核实是否错以天为单位进行填报。停产企业是否要填写（否）。

（40）二氧化硫产生量：指标 05（年生产时间）＞0 的，必填，且大于等于指标 47（二氧化硫排放量）。停产企业是否要填写（否）。

（41）氮氧化物产生量：指标 05（年生产时间）＞0 的，必填，且大于等于指标 49（氮氧化物排放量）。停产企业是否要填写（否）。

（42）颗粒物产生量：指标 05（年生产时间）＞0 的，必填，且大于等于指标 51（颗粒物排放量）。停产企业是否要填写（否）。

（43）暂时留白，保留 3 位小数。停产企业是否要填写（否）。

（44）挥发性有机物产生量：指标 05（年生产时间）＞0 的，必填，且大于等于指标 53（挥发性有机物排放量）。停产企业是否要填写（否）。

（45）废气砷产生量：指标 05（年生产时间）＞0 的，必填，且大于等于指标 56（废气砷排放量）。停产企业是否要填写（否）。

（46）废气铅产生量：指标 05（年生产时间）＞0 的，必填，且大于等于指标 58（废气铅排放量）。停产企业是否要填写（否）。

（47）废气镉产生量：指标 05（年生产时间）＞0 的，必填，且大于等于指标 60（废气镉排放量）。停产企业是否要填写（否）。

（48）废气铬产生量：指标 05（年生产时间）＞0 的，必填，且大于等于指标 62（废气铬排放量）。停产企业是否要填写（否）。

（49）废气汞产生量：指标 05（年生产时间）＞0 的，必填，且大于等于指标 64（废气汞排放量）。停产企业是否要填写（否）。

7）G103-3 表（钢铁与炼焦企业炼焦废气治理与排放情况）审核细则

（1）炼焦炉编号：同一企业所有设备 MF 开头的编号不能相同；编号编码格式为 MF+4 位数字。停产企业是否要填写（是）。

（2）炼焦炉型：必填。停产企业是否要填写（是）。

（3）熄焦工艺：必填。停产企业是否要填写（是）。

（4）炭化室高度：必填。超出范围 3.8～7 的重点核实。停产企业是否要填写（是）。

（5）年生产时间（小时）：必填，应≤8 760。大于 0 且小于等于 365 的，核实是否错以天为单位进行填报。停产企业是否要填写（否）。

（6）生产能力：必填。停产企业是否要填写（是）。

（7）煤气消耗量：指标 05（年生产时间）＞0 的，必填。应为指标 12（焦炭产量）的 1.1～1.5 倍，超出的重点核实。停产企业是否要填写（否）。

（8）煤气低位发热量（千卡/标准立方米）：指标 05（年生产时间）＞0 的，必填，且应在 4 000～5 000 之间。停产企业是否要填写（否）。

（9）煤气平均收到基含硫量：指标 05（年生产时间）＞0 的，必填。停产企业是否要填写（否）。

（10）其他燃料消耗总量：停产企业是否要填写（否）。

（11）煤炭消耗量：指标 05（年生产时间）＞0 的，必填，是指标 12（焦炭产量）的 1.2～1.5 倍，超出范围的重点核实。停产企业是否要填写（否）。

（12）焦炭产量：指标 05（年生产时间）＞0 的，必填。超过指标 06（生产能力）30%的重点核实。停产企业是否要填写（否）。

（13）硫酸产量：指标 05（年生产时间）＞0 的，必填。停产企业是否要填写（否）。

（14）硫黄产量（万吨）：指标 05（年生产时间）＞0 的，必填。吨焦硫黄产量约 40kg，浮动 30%以上的重点核实。停产企业是否要填写（否）。

（15）煤气产生量：指标 05（年生产时间）＞0 的，必填，是指标 12（焦炭产量）的 300～500 倍，超出范围的重点核实。停产企业是否要填写（否）。

（16）煤焦油产量：指标 05（年生产时间）＞0 的，必填。应为指标 12（焦炭产量）的 4%～6%，超出范围的重点核实。停产企业是否要填写（否）。

对于焦炉烟囱排放口：

（17）排放口编号：必填，格式为 DA+3 位数字。停产企业是否要填写（是）。

（18）排放口地理坐标：指标 17（排放口编号）填报的，必填。停产企业是否要填写（是）。

（19）排放口高度（米）：指标 17（排放口编号）填报的，必填。烟囱高度≥45 的，原则上应填 G106-3 表（工业企业废气监测数据），未填报的重点核实。停产企业是否要填写（是）。

（20）脱硫设施编号：若填报，格式为 TA+3 位数字。停产企业是否要填写（是）。

（21）脱硫工艺：指标 20（脱硫设施编号）填写的，必填。脱硫工艺及代码应与表 5 脱硫、脱硝、挥发性有机物处理工艺代码、名称一致。停产企业是否要填写（是）。

（22）脱硫效率：指标 05（年生产时间）＞0 且指标 20（脱硫设施编号）填写的，必填。一是应小于 100，二是＜1 的重点核实单位是否未按照%填报。停产企业是否要填写（否）。

（23）脱硫设施年运行时间（小时）：指标 05（年生产时间）＞0 且指标 20（脱硫设施编号）填写的，必填，且≤8 760。大于 0 且小于等于 365 的，核实是否错以天为单位进行填报。停产企业是否要填写（否）。

（24）脱硫剂名称：指标 05（年生产时间）＞0 且指标 20（脱硫设施编号）填写的，必填。停产企业是否要填写（否）。

（25）脱硫剂使用量：指标 23（脱硫设施年运行时间）＞0 的，必填。停产企业是否要填写（否）。

（26）脱硝设施编号：若填报，格式为 TA+3 位数字。停产企业是否要填写（是）。

（27）脱硝工艺：指标 26（脱硝设施编号）填写的，必填。脱硝工艺及代码应与表 5 脱硫、脱硝、挥发性有机物处理工艺代码、名称一致。停产企业是否要填写（是）。

（28）脱硝效率：指标 05（年生产时间）＞0 且指标 26（脱硝设施编号）填

写的，必填。一是应小于 100，二是<1 的重点核实单位未按照%填报。停产企业是否要填写（否）。

（29）脱硝设施年运行时间（小时）：若填写，则应≤8 760。大于 0 且小于等于 365 的，核实是否错以天为单位进行填报。停产企业是否要填写（否）。

（30）脱硝剂名称：指标 26（脱硝设施编号）填写则必填。停产企业是否要填写（否）。

（31）脱硝剂使用量：指标 29（脱硝设施年运行时间）填写的，必填。停产企业是否要填写（否）。

（32）除尘设施编号：若填报，格式为 TA+3 位数字。停产企业是否要填写（是）。

（33）除尘工艺：指标 32（除尘设施编号）填写，必填。除尘工艺及代码应与表 5 脱硫、脱硝、挥发性有机物处理工艺代码、名称一致。停产企业是否要填写（是）。

（34）除尘效率：指标 05（年生产时间）>0 且指标 32（除尘设施编号）填写的。一是应小于 100，二是<1 的重点核实单位未按照%填报。停产企业是否要填写（否）。

（35）除尘设施年运行时间（小时）：若填写，则应≤8 760。大于 0 且小于等于 365 的，核实是否错以天为单位进行填报。停产企业是否要填写（否）。

（36）二氧化硫产生量：≥指标 38（二氧化硫排放量）。停产企业是否要填写（否）。

（37）氮氧化物产生量：≥指标 40（氮氧化物排放量）。停产企业是否要填写（否）。

（38）颗粒物产生量：≥指标 42（颗粒物排放量）。停产企业是否要填写（否）。

（39）挥发性有机物产生量：≥指标 44（挥发性有机物排放量）。停产企业是否要填写（否）。

其他排放口校核规则基本同上。

8）G103-4 表（钢铁企业烧结/球团废气治理与排放情况）审核细则

（1）设备编号：同一企业所有设备 MF 开头的编号不能相同；编号编码格式为 MF+4 位数字。停产企业是否要填写（是）。

（2）设备规模（平方米）：必填。超出 400 的重点核实。停产企业是否要填写（是）。

（3）设备年生产时间（小时）：必填，则应≤8 760。大于 0 且小于等于 365 的，核实是否错以天为单位进行填报。设备年生产时间＞0 的，则指标 05（煤炭消耗量）、指标 10（焦炭消耗量）、指标 15（其他燃料消耗总量）三个指标不能同时为空。停产企业是否要填写（否）。

（4）生产能力：必填。指标 18（烧结矿产量）+指标 19（球团矿产量）超过 04 指标（生产能力）30%的重点核实。超过 420 的重点核实。停产企业是否要填写（是）。

（5）煤炭消耗量（吨）：指标 05（煤炭消耗量）+指标 10（焦炭消耗量）×1 000 ÷{[指标 18（烧结矿产量）+指标 19（球团矿产量）]×10 000}在 40～50，超出的重点核实。停产企业是否要填写（否）。

（6）低位发热量：指标 05（煤炭消耗量）填写则必填，值域结合表 2 燃料类型及代码表填报，弹性系数取 0.8～1.2。指标 05（煤炭消耗量）大于 0，则 05 指标（煤炭消耗量）与指标 06（低位发热量）至指标 09（平均干燥无灰基挥发分）同有同无。停产企业是否要填写（否）。

（7）平均收到基含硫量（%）：指标 05（煤炭消耗量）填写则必填，数据区间介于 0.2～5。停产企业是否要填写（否）。

（8）平均收到基灰分（%）：指标 05（煤炭消耗量）填写则必填，数据区间介于 3～30。停产企业是否要填写（否）。

（9）平均干燥无灰基挥发分（%）：指标 05（煤炭消耗量）填写则必填，大于 100 的重点核实。停产企业是否要填写（否）。

（10）焦炭消耗量（%）：停产企业是否要填写（否）。

（11）低位发热量：若指标 10（焦炭消耗量）填报，必填。值域结合表 2 燃料类型及代码表填报，弹性系数取 0.8～1.2。停产企业是否要填写（否）。

（12）平均收到基含硫量（%）：若指标 10（焦炭消耗量）填报，必填，数据区间介于 0.1～3。停产企业是否要填写（否）。

（13）平均收到基灰分（%）：若指标 10（焦炭消耗量）填报，必填。超出 3～25 范围的重点核实。停产企业是否要填写（否）。

（14）平均干燥无灰基挥发分（%）：若指标 10（焦炭消耗量）填报，必填。＞3 的重点核实。停产企业是否要填写（否）。

（15）其他燃料消耗总量：停产企业是否要填写（否）。

（16）铁矿石消耗量：指标 03（设备年生产时间）＞0 的，必填。铁矿石消耗量÷[指标 18（烧结矿产量）+指标 19（球团矿产量）]基本在 1 左右，变化较大的重点核实。停产企业是否要填写（否）。

（17）铁矿石含硫量：指标 16（铁矿石消耗量）填报的，必填，在 0.01～0.2 之间，超出的重点核实。停产企业是否要填写（否）。

（18）烧结矿产量：指标 03（设备年生产时间）＞0 的，指标 18（烧结矿产量）、指标 19（球团矿产量）不能同时为空。停产企业是否要填写（否）。

（19）球团矿产量：停产企业是否要填写（否）。

烧结机头（球团单元焙烧）排放口：

（20）排放口编号：必填，格式为 DA+3 位数字。停产企业是否要填写（是）。

（21）排放口地理坐标：必填。停产企业是否要填写（是）。

（22）排放口高度（米）：必填。≥45 的，原则上应填 G106-3 表（工业企业废气监测数据），未填报的重点核实。停产企业是否要填写（是）。

（23）脱硫设施编号：若填报，格式为 TA+3 位数字。停产企业是否要填写（是）。

（24）脱硫工艺：指标 23（脱硫设施编号）填报的，必填。停产企业是否要填写（是）。

（25）脱硫效率：指标 03（设备年生产时间）＞0，且指标 23（脱硫设施编号）

填报的，必填。一是应小于 100，二是<1 的重点核实单位未按照%填报。停产企业是否要填写（否）。

（26）脱硫设施年运行时间（小时）：指标 03（设备年生产时间）>0，且指标 23（脱硫设施编号）填报的，必填，且≤8 760。大于 0 且小于等于 365 的，核实是否错以天为单位进行填报。停产企业是否要填写（否）。

（27）脱硫剂名称：指标 23（脱硫设施编号）填写的，必填。停产企业是否要填写（否）。

（28）脱硫剂使用量：指标 26（脱硫设施年运行时间）>0 指标且指标 23（脱硫设施编号）填写的，必填。停产企业是否要填写（否）。

（29）脱硝设施编号：若填报，格式为 TA+3 位数字。停产企业是否要填写（是）。

（30）脱硝工艺：指标 29（脱硝设施编号）填写的，必填。停产企业是否要填写（是）。

（31）脱硝效率：指标 32（脱硝设施年运行时间）填报的，必填。一是应小于 100，二是<1 的重点核实单位未按照%填报。停产企业是否要填写（否）。

（32）脱硝设施年运行时间（小时）：指标 03（设备年生产时间）>0，且指标 29（脱硝设施编号）填报的，必填，且≤8 760。大于 0 且小于等于 365 的，核实是否错以天为单位进行填报。停产企业是否要填写（否）。

（33）脱硝剂名称：指标 29（脱硝设施编号）填报的，必填。停产企业是否要填写（否）。

（34）脱硝剂使用量：指标 29（脱硝设施编号）填写的，必填。停产企业是否要填写（否）。

（35）除尘设施编号：若填报，结构为 TA+3 位数字。停产企业是否要填写（是）。

（36）除尘工艺：指标 35（除尘设施年编号）填写的，必填。停产企业是否要填写（是）。

（37）除尘效率：指标 38（除尘设施年运行时间）填报的，必填。一是应小于 100，二是<1 的重点核实单位未按照%填报。停产企业是否要填写（否）。

（38）除尘设施年运行时间（小时）：指标 03（设备年生产时间）>0，且指标 35（除尘设施编号）填写的，必填，且≤8 760。大于 0 且小于等于 365 的，核实是否错以天为单位进行填报。停产企业是否要填写（否）。

（39）工业废气排放量：停产企业是否要填写（否）。

（40）二氧化硫产生量：大于等于指标 41（二氧化硫排放量）。停产企业是否要填写（否）。

（41）氮氧化物产生量：大于等于指标 43（氮氧化物排放量）。停产企业是否要填写（否）。

（42）颗粒物产生量：大于等于指标 45（颗粒物排放量）。停产企业是否要填写（否）。

其他排放口同上。

9）G103-5 表（钢铁企业炼铁生产废气治理与排放情况）审核细则

（1）设备编号：同一企业所有设备 MF 开头的编号不能相同；编号编码结构为 MF+4 位数字。停产企业是否要填写（是）。

（2）高炉容积：必填。超过 3 200 的重点核实。停产企业是否要填写（是）。

（3）高炉年生产时间（小时）：必填，≤8 760。大于 0 且小于等于 365 的，核实是否错以天为单位进行填报。停产企业是否要填写（否）。

（4）生产能力：必填。超过 320 的重点核实。停产企业是否要填写（是）。

（5）煤气消耗量：指标 03（高炉年生产时间）>0 的，指标 05（煤气消耗量）、指标 08（其他燃料消耗总量）不得同时为空。停产企业是否要填写（否）。

（6）煤气低位发热量：指标 05（煤气消耗量）>0，必填，且数据在 4 000～5 000 之间。停产企业是否要填写（否）。

（7）煤气平均收到基含硫量：指标 05（煤气消耗量）>0，必填。停产企业是否要填写（否）。

（8）其他燃料消耗总量：停产企业是否要填写（否）。

（9）生铁产量：指标 03（高炉年生产时间）>0 的，必填且>0。超出指标

04（生产能力）30%的重点核实。停产企业是否要填写（否）。

高炉矿槽排放口：

（10）排放口编号：若填报，格式为 DA+3 位数字。停产企业是否要填写（是）。

（11）排放口地理坐标：指标 10（排放口编号）填报，必填。停产企业是否要填写（是）。

（12）排放口高度（米）：指标 10（排放口编号）填报的，必填。≥45 的，原则上应填 G106-3 表（工业企业废气监测表），未填报的重点核实。停产企业是否要填写（是）。

（13）除尘设施编号：若填报，格式为 TA+3 位数字。停产企业是否要填写（是）。

（14）除尘工艺：若指标 13（除尘设施编号）填报，必填。停产企业是否要填写（是）。

（15）除尘效率：指标 03（高炉年生产时间）＞0 且指标 16（除尘设施年运行时间）＞0 的，必填。一是应小于 100，二是＜1 的重点核实单位未按照%填报。停产企业是否要填写（否）。

（16）除尘设施年运行时间（小时）：指标 03（高炉年生产时间）＞0 且指标 13（除尘设施编号）填写的，必填，且≤8 760。大于 0 且小于等于 365 的，核实是否错以天为单位进行填报。停产企业是否要填写（否）。

（17）工业废气排放量：停产企业是否要填写（否）。

（18）颗粒物产生量：大于等于指标 19（颗粒物排放量）。停产企业是否要填写（否）。

其他排放口规则同上。

10）G103-6 表（钢铁企业炼钢生产废气治理与排放情况）审核细则

（1）设备编号：同一企业所有设备 MF 开头的编号不能相同；编号编码格式为 MF+4 位数字。停产企业是否要填写（是）。

（2）设备类型：必填。停产企业是否要填写（是）。

（3）设备年生产时间（小时）：必填，≤8 760。大于 0 且小于等于 365 的核实是否错以天为单位进行填报。停产企业是否要填写（否）。

（4）生产能力（万吨/年）：必填。超过 220 的重点核实。停产企业是否要填写（是）。

（5）粗钢产量：必填。超过 04 生产能力 30%的重点核实。停产企业是否要填写（否）。

转炉二次烟气排放口：

（6）排放口编号：指标 02（设备类型）选择 1（氧气转炉炼钢）的，必填，格式为 DA+3 位数字。停产企业是否要填写（是）。

（7）排放口地理坐标：指标 06（排放口编号）填报的，必填。停产企业是否要填写（是）。

（8）排放口高度：指标 06（排放口编号）填报的，必填。≥45 的，原则上应填 G106-3 表（工业企业废气监测数据），未填报的重点核实。停产企业是否要填写（是）。

（9）除尘设施编号：若填报，格式为 TA+3 位数字。停产企业是否要填写（是）。

（10）除尘工艺：指标 9（除尘设施编号）填写的，必填。停产企业是否要填写（是）。

（11）除尘效率：指标 03（设备年生产时间）＞0，且指标 09（除尘设施编号）填写的，必填。一是应小于 100，二是＜1 的重点核实单位未按照%填报。停产企业是否要填写（否）。

（12）除尘设施年运行时间（小时）：指标 03（设备年生产时间）＞0 且指标 09（除尘设施编号）填写的，必填，且≤8 760。大于 0 且小于等于 365 的，核实是否错以天为单位进行填报。停产企业是否要填写（否）。

（13）工业废气排放量：停产企业是否要填写（否）。

（14）颗粒物产生量：≥指标 15（颗粒物排放量）。停产企业是否要填写（否）。

其他排放口规则同上。

11）G103-7 表（水泥企业熟料生产废气治理与排放情况）审核细则

（1）设备编号：同一企业所有设备 MF 开头的编号不能相同；编号编码格式为 MF+4 位数字。停产企业是否要填写（是）。

（2）设备类型：必填，若选 20 立窑、21 普通立窑、22 机械立窑，则窑头排放口部门指标 46～55 为空。停产企业是否要填写（是）。

（3）设备年运行时间（小时）：必填，≤8 760。大于 0 且小于等于 365 的，核实是否误以天为单位进行填报。停产企业是否要填写（否）。

（4）生产能力（万吨/年）：必填。超过 300 的重点核实。停产企业是否要填写（是）。

（5）煤炭消耗量：必填。（05 煤炭消耗量×1 000×0.714 3）/（11 熟料产量×10 000）应在 100～600 之间，超出范围的重点核实。停产企业是否要填写（否）。

（6）煤炭低位发热量：指标 05（煤炭消耗量）>0 的，必填。值域结合表 2 燃料类型及代码表填报，弹性系数取 0.8～1.2。停产企业是否要填写（否）。

（7）煤炭平均收到基含硫量：指标 05（煤炭消耗量）>0 的，必填，数据区间介于 0.2%～8%。停产企业是否要填写（否）。

（8）煤炭平均收到基灰分（%）：指标 05（煤炭消耗量）>0 的，必填，介于 4～50 之间。停产企业是否要填写（否）。

（9）煤炭平均干燥无灰基挥发分（%）：指标 05（煤炭消耗量）>0 的，必填。大于 100 的重点核实。停产企业是否要填写（否）。

（10）石灰石用量（万吨）：指标 03（设备年运行时间）>0 的，必填。约为指标 11（熟料产量）的 80%，变化超出 30%的重点核实。停产企业是否要填写（否）。

（11）熟料产量：指标 03（设备年运行时间）>0 的，必填。超过生产能力 30%的重点核实。停产企业是否要填写（否）。

窑尾排放口：

（12）排放口编号：必填，格式为 DA+3 位数字。停产企业是否要填写（是）。

（13）排放口地理坐标：必填。停产企业是否要填写（是）。

（14）排放口高度（米）：必填。≥45 的，原则上应填报 G106-3 表（工业企业废气监测数据），未填报的重点核实。停产企业是否要填写（是）。

（15）是否采用低氮燃烧技术：必填。停产企业是否要填写（是）。

（16）脱硝设施编号：若填报，编号格式为 TA+3 位数字。停产企业是否要填写（是）。

（17）脱硝工艺：指标 16（脱硝设施编号）填写的，必填。停产企业是否要填写（是）。

（18）脱硝效率：指标 03（设备年运行时间）>0 且指标 16（脱硝设施编号）填写的，必填。一是应小于 100，二是<1 的重点核实单位未按照%填报。停产企业是否要填写（否）。

（19）脱硝设施年运行时间：指标 16（脱硝设施编号）填写的，必填，且≤8 760。大于 0 且小于等于 365 的，核实是否错以天为单位进行填报。停产企业是否要填写（否）。

（20）脱硝剂名称：指标 16（脱硝设施编号）填写的，必填。停产企业是否要填写（否）。

（21）脱硝剂使用量：指标 19（脱硝设施年运行时间）>0 的，必填。停产企业是否要填写（否）。

（22）除尘设施编号：若填报，编号格式为 TA+3 位数字。停产企业是否要填写（是）。

（23）除尘工艺：指标 22（除尘设施编号）填写的，必填。停产企业是否要填写（是）。

（24）除尘效率：指标 25（除尘设施年运行时间）>0 的，必填。一是应小于 100，二是<1 的重点核实单位未按照%填报。停产企业是否要填写（否）。

（25）除尘设施年运行时间（小时）：指标 03（设备年运行时间）>0 且指标 22（除尘设施编号）填写的，必填，且≤8 760。大于 0 且小于等于 365 的，核实是否错以天为单位进行填报。停产企业是否要填写（否）。

（26）工业废气排放量：停产企业是否要填写（否）。

（27）二氧化硫产生量：≥指标28（二氧化硫排放量）。停产企业是否要填写（否）。

（28）氮氧化物产生量：≥指标30（氮氧化物排放量）。停产企业是否要填写（否）。

（29）颗粒物产生量：≥指标32（颗粒物的排放量）。停产企业是否要填写（否）。

（30）挥发性有机物产生量：≥指标34（挥发性有机物排放量）。停产企业是否要填写（否）。

（31）废气砷产生量：≥指标37（废气砷的排放量）。停产企业是否要填写（否）。

（32）废气铅产生量：≥指标39（废气铅的排放量）。停产企业是否要填写（否）。

（33）废气镉产生量：≥指标41（废气镉排放量）。停产企业是否要填写（否）。

（34）废气铬产生量：≥指标43（废气铬排放量）。停产企业是否要填写（否）。

（35）废气汞产生量：≥指标45（废气汞排放量）。停产企业是否要填写（否）。

其他排放口规则同上。

12）G103-8表（石化企业工艺加热炉废气治理与排放情况）审核细则

（1）加热炉编号：同一企业所有设备MF开头的编号不能相同；编号编码格式为MF+4位数字。停产企业是否要填写（是）。

（2）加热物料名称：必填。停产企业是否要填写（是）。

（3）加热炉规模：必填。停产企业是否要填写（是）。

（4）热效率：必填，范围为0～1。停产企业是否要填写（否）。

（5）炉膛平均温度：必填，范围为100～2 000。停产企业是否要填写（否）。

（6）年生产时间（小时）：必填，且≤8 760。大于0且小于等于365的，重点核实是否错以天为单位进行填报。停产企业是否要填写（否）。

（7）燃料一类型：指标06（年生产时间）＞0的，必填。停产企业是否要填写（否）。

（8）燃料一消耗量：必填。停产企业是否要填写（否）。

（9）燃料一低位发热量：必填。值域结合表2燃料类型及代码表填报，弹性系数取0.8～1.2。停产企业是否要填写（否）。

（10）燃料一平均收到基含硫量：必填。指标 07（燃料一类型）选择 1～10 的，建议阈值 0.2～8；选择 18～22 的，建议不高于 0.000 05；选择 11～15 的，建议不高于 200。停产企业是否要填写（否）。

（11）燃料二类型：不能与指标 07（燃料一类型）重复。停产企业是否要填写（否）。

（12）燃料二消耗量：必填。停产企业是否要填写（否）。

（13）燃料二低位发热量：必填。值域结合表 2 燃料类型及代码表填报，弹性系数取 0.8～1.2。停产企业是否要填写（否）。

（14）燃料二平均收到基含硫量：指标 11（燃料二类型）选择 1～10 的，建议阈值 0.2～8；选择 18～22 的，建议不高于 0.000 05；选择 11～15 的，建议不高于 200。停产企业是否要填写（否）。

（15）脱硫设施编号：若填报，格式为 TA+3 位数字。停产企业是否要填写（是）。

（16）脱硫工艺：指标 15（脱硫设施编号）填报的，必填。停产企业是否要填写（是）。

（17）脱硫效率：指标 06（年生产时间）＞0 且指标 18（脱硫设施年运行时间）填写的，必填。一是应小于 100，二是＜1 的重点核实单位未按照%填报。停产企业是否要填写（否）。

（18）脱硫设施年运行时间（小时）：指标 06（年生产时间）＞0 且指标 15（脱硫设施编号）填写的，必填，且≤8 760。停产企业是否要填写（否）。

（19）脱硫剂名称：指标 15（脱硫设施编号）填写的，必填。停产企业是否要填写（否）。

（20）脱硫剂使用量：指标 06（年生产时间）＞0 且指标 15（脱硫设施编号）填写的，必填。停产企业是否要填写（否）。

（21）是否采用低氮燃烧技术：必填。停产企业是否要填写（是）。

（22）除尘设施编号：若填报，格式为 TA+3 位数字。停产企业是否要填写（是）。

（23）除尘工艺：指标 22（除尘设施编号）填写的，必填。停产企业是否要填写（是）。

（24）除尘效率：指标 06（年生产时间）＞0 且指标 25（除尘设施年运行时间）填写的，必填。一是应小于 100，二是＜1 的重点核实单位未按照%填报。停产企业是否要填写（否）。

（25）除尘设施年运行时间（小时）：指标 06（年生产时间）＞0 且指标 22（除尘设施编号）填写的，必填，且≤8 760。停产企业是否要填写（否）。

（26）工业废气排放量：停产企业是否要填写（否）。

（27）二氧化硫产生量：≥指标 28（二氧化硫排放量）。停产企业是否要填写（否）。

（28）氮氧化物产生量：≥指标 30（氮氧化物排放量）。停产企业是否要填写（否）。

（29）颗粒物产生量：≥指标 32（颗粒物排放量）。停产企业是否要填写（否）。

（30）挥发性有机物产生量：≥指标 34（挥发性有机物排放量）。停产企业是否要填写（否）。

13）G103-9 表（石化企业生产工艺废气治理与排放情况）审核细则

（1）装置名称：必填。停产企业是否要填写（是）。

（2）装置编号：若填报，格式为 MF+4 位数字。停产企业是否要填写（是）。

（3）生产能力：必填。停产企业是否要填写（是）。

（4）生产能力的计量单位：必填，计量单位须与二污普填报助手中计量单位对应。停产企业是否要填写（是）。

（5）年生产时间（小时）：必填。一是≤8 760，二是大于 0 且小于等于 365 的核实是否错以天为单位进行填报。停产企业是否要填写（否）。

（6）产品名称：必填，须与二污普填报助手中主要产品名称相对应。停产企业是否要填写（否）。

（7）产品产量：必填。停产企业是否要填写（否）。

（8）产品产量的计量单位：必填，计量单位须与二污普填报助手中主要产品计量单位对应。停产企业是否要填写（否）。

（9）原料名称：必填，计量单位须与二污普填报助手中主要原料名称对应。停产企业是否要填写（否）。

（10）原料用量：必填。停产企业是否要填写（否）。

（11）原料用量的计量单位：必填，计量单位须与二污普填报助手中主要原料计量单位对应。停产企业是否要填写（否）。

（12）脱硫设施编号：若填报，格式为 TA+3 位数字。停产企业是否要填写（是）。

（13）脱硫工艺：指标 12（脱硫设施编号）填写的，必填。停产企业是否要填写（是）。

（14）脱硫效率：指标 05（年生产时间）>0 且指标 12（脱硫设施编号）填写的，必填。一是应小于 100，二是<1 的重点核实单位未按照%为单位进行填报。停产企业是否要填写（否）。

（15）脱硫设施年运行时间（小时）：指标 05（年生产时间）>0 且指标 12（脱硫设施编号）填写的，必填，且≤8 760。停产企业是否要填写（否）。

（16）脱硫剂名称：指标 12（脱硫设施名称）填写的，必填。停产企业是否要填写（否）。

（17）脱硫剂使用量：指标 15（脱硫设施年运行时间）填写的，必填。停产企业是否要填写（否）。

（18）脱硝设施编号：若填报，格式为 TA+3 位数字。停产企业是否要填写（是）。

（19）脱硝工艺：指标 18（脱硝设施编号）填写的，必填。停产企业是否要填写（是）。

（20）脱硝效率：指标 21（脱硝设施年运行时间）>0 且指标 18（脱硝设施编号）填报的，必填。一是应小于 100，二是<1 的重点核实单位未按照%为单位进行填报。停产企业是否要填写（否）。

（21）脱硝设施年运行时间（小时）：指标 05（年生产时间）>0 且指标 18（脱硝设施编号）填写的，必填，且≤8 760。停产企业是否要填写（否）。

（22）脱硝剂名称：指标 18（脱硝设施编号）填写的，必填。停产企业是否要填写（否）。

（23）脱硝剂使用量：指标 21（脱硝设施年运行时间）＞0 且指标 18（脱硝设施编号）填报的，必填。停产企业是否要填写（否）。

（24）除尘设施编号：若填报，格式为 TA+3 位数字。停产企业是否要填写（是）。

（25）除尘工艺：指标 24（除尘设施编号）填写的，必填。停产企业是否要填写（是）。

（26）除尘效率：指标 27（除尘设施年运行时间）＞0 且指标 24（除尘设施编号）填写的，必填。一是应小于 100，二是＜1 的重点核实单位未按照%为单位进行填报。停产企业是否要填写（否）。

（27）除尘设施年运行时间（小时）：指标 05（年生产时间）＞0 且指标 24（除尘设施编号）填写的，必填，且≤8 760。停产企业是否要填写（否）。

（28）挥发性有机物处理设施编号：若填报，格式为 TA+3 位数字。停产企业是否要填写（是）。

（29）挥发性有机物处理工艺：指标 28（挥发性有机物处理设施编号）填写则必填。停产企业是否要填写（是）。

（30）挥发性有机物去除效率：指标 31（挥发性有机物处理设施年运行时间）＞0 且指标 28（挥发性有机物处理设施编号）填写的，必填。停产企业是否要填写（否）。

（31）挥发性有机物处理设施年运行时间（小时）：指标 05（年生产时间）＞0 且指标 28（挥发性有机物处理设施编号）填写的，则必填，且≤8 760。大于 0 且小于等于 365 的，核实是否错以天为单位进行填报。停产企业是否要填写（否）。

（32）工艺废气排放量：停产企业是否要填写（否）。

（33）二氧化硫产生量：≥指标 34（二氧化硫排放量）。停产企业是否要填写（否）。

（34）氮氧化物产生量：≥指标 36（氮氧化物排放量）。停产企业是否要填写（否）。

（35）颗粒物产生量：≥指标 38（颗粒物排放量）。停产企业是否要填写（否）。

（36）挥发性有机物产生量：≥指标 40（挥发性有机物排放量）。停产企业是否要填写（否）。

（37）全厂动静密封点个数：必填。停产企业是否要填写（否）。

（38）全厂动静密封点挥发性有机物产生量：≥指标 44（全厂动静密封点挥发性有机物排放量）。停产企业是否要填写（否）。

14）G103-10 表（工业企业有机液体储罐、装载信息）审核细则

（1）物料名称：必填。停产企业是否要填写（是）。

（2）物料代码：必填，选项为 01～48，需与指标 01（物料名称）对应。停产企业是否要填写（是）。

（3）储罐类型：20 立方米以上储罐的填报。停产企业是否要填写（是）。

（4）储罐容积（立方米）：指标 03（储罐类型）填写的，必填，且≥20。停产企业是否要填写（是）。

（5）储存温度：指标 03（储罐类型）填写的，必填。停产企业是否要填写（是）。

（6）相同类型、容积、温度的储罐个数：指标 03（储罐类型）填写的，必填。停产企业是否要填写（是）。

（7）物料年周转量：指标 03（储罐类型）填写的，必填。停产企业是否要填写（是）。

（8）挥发性有机物处理工艺：必填。停产企业是否要填写（是）。

（9）年装载量：必填。停产企业是否要填写（否）。

（10）其中：汽车/火车装载量：必填，且≤指标 9（年装载量）。停产企业是否要填写（否）。

（11）汽车/火车装载方式：指标 10（其中：汽车/火车装载量）填报的，必填。停产企业是否要填写（否）。

（12）船舶装载量：必填，且≤指标 9（年装载量）。停产企业是否要填写（否）。

（13）船舶装载方式：指标 12（船舶装载量）填报的，必填。停产企业是否要填写（否）。

（14）挥发性有机物处理工艺：必填。停产企业是否要填写（是）。

（15）挥发性有机物产生量：≥指标 16（挥发性有机物排放量）。停产企业是否要填写（是）。

涉有机液体储罐、装载的主要行业

序号	行业类别代码	行业类别名称	序号	行业类别代码	行业类别名称
01	2511	原油加工及石油制品制造	07	2619	其他基础化学原料制造
02	2519	其他原油制造	08	2621	氮肥制造
03	2521	炼焦	09	2631	化学农药制造
04	2522	煤制合成气生产	10	2652	合成橡胶制造
05	2523	煤制液体燃料生产	11	2653	合成纤维单（聚合）体制造
06	2614	有机化学原料制造	12	2710	化学药品原料药制造

15）G103-11 表（工业企业含挥发性有机物原辅材料使用信息）审核细则

（1）含挥发性有机物的原辅材料类别：指标 06（含挥发性有机物的原辅材料使用量）>0 的，必填。若选择类别 7（其他有机溶剂）则必填附带单元格。停产企业是否要填写（否）。

（2）含挥发性有机物的原辅材料名称：必填，名称与含挥发性有机物的原辅材料类别及物料名称表中物料名称相对应。停产企业是否要填写（否）。

（3）含挥发性有机物的原辅材料代码：指标 1（含挥发性有机物的原辅材料类别）填报的，必填，且选项为 V01～V72。停产企业是否要填写（否）。

（4）含挥发性有机物的原辅材料品牌：指标 1（含挥发性有机物的原辅材料类别）选 1（涂料）、2（油墨）、3（胶黏剂）时必填。停产企业是否要填写（否）。

（5）含挥发性有机物的原辅材料品牌代码：指标 4（含挥发性有机物的原辅材料品牌）填写的，必填，且选项为 PP01～PP70。停产企业是否要填写（否）。

（6）含挥发性有机物的原辅材料使用量：必填。停产企业是否要填写（否）。

（7）挥发性有机物处理工艺：停产企业是否要填写（是）。

（8）挥发性有机物收集方式：停产企业是否要填写（是）。

（9）挥发性有机物产生量：≥指标 10（挥发性有机物排放量），保留 3 位小数。停产企业是否要填写（否）。

16）G103-12 表（工业企业固体物料堆存信息）审核细则

（1）堆场编号：仅报表制度中列明的 21 种物料堆场填报。若有，停产企业是否要填写（是）。

（2）堆场名称：指标 1（堆场编号）填报的，必填。停产企业是否要填写（是）。

（3）堆场类型：指标 1（堆场编号）填报的，必填。若选择 4（其他）的，必填附带单元格。停产企业是否要填写（是）。

（4）堆存物料：指标 1（堆场编号）填报的，必填。须为报表制度中列明的 21 种物料。停产企业是否要填写（否）。

（5）堆存物料类型：指标 4（堆存物料）填报的，必填；且为 1～4，若选择 4，则必填附带单元格。停产企业是否要填写（否）。

（6）占地面积：指标 1（堆存编号）填报的，必填。停产企业是否要填写（否）。

（7）最高高度：指标 1（堆存编号）填报的，必填。停产企业是否要填写（否）。

（8）日均储存量：必填。停产企业是否要填写（否）。

（9）物料最终去向：必填；选择 3（其他）的，必填附带单元格。停产企业是否要填写（否）。

（10）年物料运载车次：必填。停产企业是否要填写（否）。

（11）单车平均运载量：必填。停产企业是否要填写（否）。

（12）粉尘控制措施：必填；选择 6（其他）的，必填附带单元格。停产企业是否要填写（是）。

（13）粉尘产生量：≥指标 14（粉尘排放量）。停产企业是否要填写（否）。

（14）挥发性有机物产生量：暂时留白，保留 3 位小数。停产企业是否要填写（否）。

17）G104-1 表（工业企业一般工业固体废物产生与处理利用信息）审核细则

（1）一般工业固体废物名称：停产企业是否要填写（否）。

（2）一般工业固体废物代码：指标 1（一般工业固体废物名称）填报的，必填。停产企业是否要填写（否）。

（3）一般工业固体废物产生量（吨）：若填报，指标 03=指标 04–指标 06+指标 07–指标 09+指标 10+指标 11，超过 6 000 000 的重点核实。停产企业是否要填写（否）。

（4）一般工业固体废物综合利用量：停产企业是否要填写（否）。

（5）其中：自行综合利用量：停产企业是否要填写（否）。

（6）其中：综合利用往年贮存量：停产企业是否要填写（否）。

（7）一般工业固体废物处置量：停产企业是否要填写（否）。

（8）其中：自行处置量：停产企业是否要填写（否）。

（9）其中：处置往年贮存量：停产企业是否要填写（否）。

（10）一般工业固体废物贮存量：停产企业是否要填写（否）。

（11）一般工业固体废物倾倒丢弃量：不为 0 的重点核实。停产企业是否要填写（否）。

（12）一般工业固体废物贮存处置场类型：停产企业是否要填写（是）。

（13）贮存处置场详细地址：指标 12（一般工业固体废物贮存处置场类型）填报的，必填。停产企业是否要填写（是）。

（14）贮存处置场地理坐标：指标 12（一般工业固体废物贮存处置场类型）填报的，必填。停产企业是否要填写（是）。

（15）处置场设计容量：指标 12（一般工业固体废物贮存处置场类型）填报的，必填。且指标 15（处置场设计容量）≥指标 16（处置场已填容量）。停产企业是否要填写（是）。

（16）处置场已填容量：停产企业是否要填写（是）。

（17）处置场设计处置能力：指标 12（一般工业固体废物贮存处置场类型）填报的，必填。停产企业是否要填写（是）。

（18）尾矿库环境风险等级（仅尾矿库填报）：指标 12（一般工业固体废物贮存处置场类型）选 4（尾矿库）的，必填。停产企业是否要填写（是）。

（19）尾矿库环境风险等级划定年份：指标 12 选 4 时必填。停产企业是否要填写（是）。

（20）综合利用方式：停产企业是否要填写（是）。

（21）综合利用能力：指标 20（综合利用方式）填写的，必填。停产企业是否要填写（是）。

（22）本年实际综合利用量：指标 20（综合利用方式）填写的，必填。停产企业是否要填写（否）。

18）G104-2 表（工业企业危险废物产生与处理利用信息）审核细则

（1）危险废物名称：停产企业是否要填写（否）。

（2）危险废物代码：指标 01（危险废物名称）填报的，必填。停产企业是否要填写（否）。

（3）上年末本单位实际贮存量：若填报，指标 03+指标 04–指标 05+指标 06=指标 07+指标 08+指标 09+指标 11。停产企业是否要填写（否）。

（4）危险废物产生量：若填报，指标 03+指标 04–指标 05+指标 06=指标 07+指标 08+指标 09+指标 11。停产企业是否要填写（否）。

（5）送持证单位量：停产企业是否要填写（否）。

（6）接收外来危险废物量：停产企业是否要填写（否）。

（7）自行综合利用量：若填报，指标 07+指标 08=指标 17+指标 22+指标 25。停产企业是否要填写（否）。

（8）自行处置量：停产企业是否要填写（否）。

（9）本年末本单位实际贮存量：停产企业是否要填写（否）。

（10）综合利用处置往年贮存量：停产企业是否要填写（否）。

（11）危险废物倾倒丢弃量：非0时提示重点核实。停产企业是否要填写（否）。

（12）填埋场详细地址：停产企业是否要填写（是）。

（13）填埋场地理坐标：指标 12（填埋场地理坐标）填报的，必填。停产企业是否要填写（是）。

（14）设计容量：指标 12（填埋场地理坐标）填报的，必填，且指标 14（设计容量）≥指标 15（已填容量）。停产企业是否要填写（是）。

（15）已填容量：指标 12（填埋场地理坐标）填报的，必填。停产企业是否要填写（是）。

（16）设计处置能力：指标 12（填埋场地理坐标）填报的，必填。停产企业是否要填写（是）。

（17）本年实际填埋处置量：停产企业是否要填写（否）。

（18）焚烧装置的具体位置：停产企业是否要填写（是）。

（19）焚烧装置的地理坐标：指标 18（焚烧装置的具体位置）填报的，必填。停产企业是否要填写（是）。

（20）设施数量：指标 18（焚烧装置的具体位置）填报的，必填。停产企业是否要填写（是）。

（21）设计焚烧处置能力：指标 18（焚烧装置的具体位置）填报的，必填。停产企业是否要填写（是）。

（22）本年实际焚烧处置量：指标 18（焚烧装置的具体位置）填报的，必填。停产企业是否要填写（否）。

（23）危险废物自行综合利用/处置方式：指标 07（自行综合利用量）、指标 08（自行处置量）不全为 0 的，必填。停产企业是否要填写（是）。

（24）危险废物自行综合利用/处置能力：指标 23（危险废物自行综合利用/处置方式）填报的，必填。停产企业是否要填写（是）。

（25）本年实际综合利用/处置量：指标 23（危险废物自行综合利用/处置方式）填报的，必填。停产企业是否要填写（否）。

19）G105 表（工业企业突发环境事件风险信息）审核细则

（1）风险物质名称：停产企业是否要填写（否）。

（2）CAS 号：停产企业是否要填写（否）。

突发环境事件风险物质及临界量清单

序号	物质名称	CAS 号	突发事件案例以及遇水反应生成的物质	临界量/吨
第一部分 有毒气态物质				
1	光气	75-44-5	a	0.25
2	乙烯酮	463-51-4	a	0.25
3	硒化氢	7783-07-5	b	0.25
4	二氟化氧	7783-41-7		0.25
5	砷化氢	7784-42-1	a	0.25
6	甲醛	50-00-0	a，c，d	0.5
7	乙二腈	460-19-5		0.5
8	氟	7782-41-4	e	0.5
9	二氧化氯	10049-04-4	e	0.5
10	一氧化氮	10102-43-9	e	0.5
11	氯气	7782-50-5	a，b，c，d	1
12	四氟化硫	7783-60-0		1
13	磷化氢	7803-51-2	e	1
14	二氧化氮	10102-44-0	e	1
15	乙硼烷	19287-45-7		1
16	三甲胺	75-50-3	a	2.5
17	羰基硫	463-58-1		2.5
18	二氧化硫	7446-09-5	a，b，d	2.5
19	过氯酰氟	7616-94-6		2.5
20	三氟化硼	7637-07-2	e	2.5
21	氯化氢	7647-01-0	a，c	2.5
22	硫化氢	7783-06-4	a	2.5
23	锑化氢	7803-52-3		2.5
24	硅烷	7803-62-5	e	2.5
25	溴化氢	10035-10-6		2.5

序号	物质名称	CAS 号	突发事件案例以及遇水反应生成的物质	临界量/吨
26	三氯化硼	10294-34-5		2.5
27	甲硫醇	74-93-1	b	5
28	氨气	7664-41-7	a，c	5
29	溴甲烷	74-83-9	b	7.5
30	环氧乙烷	75-21-8	c	7.5
31	二氯丙烷	78-87-5	b	7.5
32	氯化氰	506-77-4	a	7.5
33	一氧化碳	630-08-0	e	7.5
34	煤气	/	a，c	7.5
35	氯甲烷	74-87-3	a	10
36	乙胺	75-04-7		10
第二部分　易燃易爆气态物质				
37	甲胺	74-89-5	c	5
38	氯乙烷	75-00-3	e	5
39	氯乙烯	75-01-4	e	5
40	氟乙烯	75-02-5		5
41	1,1-二氟乙烷	75-37-6		5
42	1,1-二氟乙烯	75-38-7		5
43	三氟氯乙烯	79-38-9		5
44	四氟乙烯	116-14-3	e	5
45	二甲胺	124-40-3	a	5
46	三氟溴乙烯	598-73-2		5
47	二氯硅烷	4109-96-0		5
48	一氧化二氯	7791-21-1		5
49	甲烷	74-82-8	a	10
50	乙烷	74-84-0		10
51	乙烯	74-85-1	a，b	10
52	乙炔	74-86-2	e	10
53	丙烷	74-98-6	e	10
54	丙炔	74-99-7		10
55	环丙烷	75-19-4		10
56	异丁烷	75-28-5	e	10

序号	物质名称	CAS 号	突发事件案例以及遇水反应生成的物质	临界量/吨
57	丁烷	106-97-8	a	10
58	1-丁烯	106-98-9		10
59	1,3-丁二烯	106-99-0	b	10
60	乙基乙炔	107-00-6		10
61	2-丁烯	107-01-7		10
62	乙烯基甲醚	107-25-5		10
63	丙烯	115-07-1	c	10
64	二甲醚	115-10-6	e	10
65	异丁烯	115-11-7	e	10
66	丙二烯	463-49-0		10
67	2,2-二甲基丙烷	463-82-1		10
68	顺式-2-丁烯	590-18-1		10
69	反式-2-丁烯	624-64-6		10
70	乙烯基乙炔	689-97-4	e	10
71	氢气	1333-74-0	e	10
72	丁烯	25167-67-3		10
73	石油气	68476-85-7	b	10
第三部分　有毒液态物质				
74	三氯硝基甲烷	76-06-2		0.25
75	硫酸二甲酯	77-78-1	c	0.25
76	氟乙酸甲酯	453-18-9	a	0.25
77	戊硼烷	19624-22-7		0.25
78	乙拌磷	298-04-4	d	0.5
79	二氯甲醚	542-88-1		0.5
80	汞	7439-97-6	d	0.5
81	氯磺酸	7790-94-5	b/氯化氢	0.5
82	羰基镍	13463-39-3	e	0.5
83	氰化氢	74-90-8	b	1
84	苯乙腈	140-29-4	e	1
85	异氰酸甲酯	624-83-9	a	1
86	丙烯酰氯	814-68-6		1
87	四氯化钛	7550-45-0	c/氯化氢	1

序号	物质名称	CAS 号	突发事件案例以及遇水反应生成的物质	临界量/吨
88	氢氟酸	7664-39-3	a，c	1
89	五羰基铁	13463-40-6		1
90	敌敌畏	62-73-7	c	2.5
91	四甲基铅	75-74-1		2.5
92	二甲基二氯硅烷	75-78-5	a/氯化氢	2.5
93	甲基三氯硅烷	75-79-6	氯化氢	2.5
94	丙酮氰醇	75-86-5	c/氰化氢	2.5
95	四乙基铅	78-00-2	a	2.5
96	氯甲酸甲酯	79-22-1		2.5
97	丙烯醛	107-02-8	b	2.5
98	氯甲基甲醚	107-30-2		2.5
99	呋喃	110-00-9		2.5
100	己二腈	111-69-3	b	2.5
101	1,2,4-三氯代苯	120-82-1		2.5
102	甲基丙烯腈	126-98-7		2.5
103	氯甲酸三氯甲酯	503-38-8	b	2.5
104	溴化氰	506-68-3		2.5
105	环氧溴丙烷	3132-64-7		2.5
106	溴	7726-95-6	a	2.5
107	一氯化硫	10025-67-9	氯化氢，硫化氢	2.5
108	氧氯化磷	10025-87-3	e/氯化氢	2.5
109	硫氢化钠	16721-80-5	a	2.5
110	甲苯二异氰酸酯	26471-62-5	b	2.5
111	苯胺	62-53-3	b，c	5
112	过氧乙酸	79-21-0	e	5
113	1,2,3-三氯代苯	87-61-6		5
114	甲苯-2,6-二异氰酸酯	91-08-7		5
115	2-氯苯胺	95-51-2		5
116	2-氯乙醇	107-07-3		5
117	3-氨基丙烯	107-11-9		5
118	丙腈	107-12-0		5
119	氯苯	108-90-7	e	5

序号	物质名称	CAS 号	突发事件案例以及遇水反应生成的物质	临界量/吨
120	氯甲酸正丙酯	109-61-5		5
121	丁酰氯	141-75-3	e/氯化氢	5
122	乙撑亚胺	151-56-4		5
123	四硝基甲烷	509-14-8	e	5
124	八甲基环四硅氧烷	556-67-2	e	5
125	甲苯-2,4-二异氰酸酯（TDI）	584-84-9	e	5
126	过氯甲基硫醇	594-42-3		5
127	邻氟硝基苯	1493-27-2	a	5
128	三氧化硫	7446-11-9	b	5
129	发烟硫酸	8014-95-7	a，b，c	5
130	四氯化硅	10026-04-7	a/氯化氢	5
131	十二烷基苯磺酸	27176-87-0	d	5
132	四氯化碳	56-23-5	c	7.5
133	1,1-甲基肼	57-14-7		7.5
134	甲基肼	60-34-4	e	7.5
135	三甲基氯硅烷	75-77-4	d/氯化氢	7.5
136	2-甲基苯胺	95-53-4		7.5
137	氯乙酸甲酯	96-34-4	a	7.5
138	1,2-二氯乙烷	107-06-2	e	7.5
139	2-丙烯-1-醇	107-18-6		7.5
140	醋酸乙烯	108-05-4	a	7.5
141	异丙基氯甲酸酯	108-23-6		7.5
142	哌啶	110-89-4		7.5
143	肼	302-01-2		7.5
144	三氟化硼-二甲醚络合物	353-42-4		7.5
145	盐酸（质量分数 37%或更高）	7647-01-0	b	7.5
146	硝酸	7697-37-2	a，c	7.5
147	三氯化磷	7719-12-2	a，c/氯化氢	7.5
148	三氯化砷	7784-34-1		7.5
149	乙酸	64-19-7	a	10
150	丙酮	67-64-1	c	10
151	三氯甲烷	67-66-3	c	10

序号	物质名称	CAS 号	突发事件案例以及遇水反应生成的物质	临界量/吨
152	苯	71-43-2	a，b，c	10
153	碘甲烷	74-88-4		10
154	乙腈	75-05-8	e	10
155	乙硫醇	75-08-1	c	10
156	二氯甲烷	75-09-2	a	10
157	二硫化碳	75-15-0	a，c	10
158	二甲基硫醚	75-18-3		10
159	丙烯亚胺	75-55-8		10
160	环氧丙烷	75-56-9	e	10
161	异丁腈	78-82-0		10
162	三氯乙烯	79-01-6	a	10
163	邻苯二甲酸二丁酯	84-74-2		10
164	1,2-二氯苯	95-50-1		10
165	3,4-二氯甲苯	95-75-0	a	10
166	丙烯酸甲酯	96-33-3	b	10
167	硝基苯	98-95-3	a	10
168	乙苯	100-41-4	a	10
169	苯乙烯	100-42-5	a，c	10
170	环氧氯丙烷	106-89-8	c	10
171	丙烯腈	107-13-1	a，c	10
172	乙二胺	107-15-3	b	10
173	甲苯	108-88-3	a，c	10
174	环己胺	108-91-8		10
175	环己烷	110-82-7	e	10
176	反式-丁烯醛	123-73-9		10
177	四氯乙烯	127-18-4	b	10
178	硫氰酸甲酯	556-64-9		10
179	二甲苯	1330-20-7	a，b，c	10
180	氨水（质量分数 20%或更高）	1336-21-6	a，c	10
181	丁烯醛	4170-30-3		10
182	磷酸	7664-38-2	b，d	10
183	硫酸	7664-93-9	a，b，c	10

序号	物质名称	CAS 号	突发事件案例以及遇水反应生成的物质	临界量/吨
第四部分　易燃液态物质				
184	*N,N*-二甲基甲酰胺	68-12-2	e	5
185	2-氯丙烷	75-29-6		5
186	异丙胺	75-31-0	e	5
187	1,1-二氯乙烯	75-35-4		5
188	2-硝基甲苯	88-72-2	b	5
189	三氯丙烷	96-18-4	b	5
190	呋喃甲醛	98-01-1	b	5
191	苯甲酰氯	98-88-4	b	5
192	3-氯丙烯	107-05-1		5
193	2-氯-1,3-丁二烯	126-99-8		5
194	二烯丙基二硫	539-86-6	e	5
195	2-氯丙烯	557-98-2		5
196	1-氯丙烯	590-21-6		5
197	亚硫酰氯	7719-09-7	b	5
198	三氯硅烷	10025-78-2	e/氯化氢	5
199	乙醚	60-29-7	e	10
200	甲酸	64-18-6	b/d	10
201	甲醇	67-56-1	a，c	10
202	异丙醇	67-63-0	e	10
203	丁醇	71-36-3	a	10
204	乙醛	75-07-0	e	10
205	2-氨基异丁烷	75-64-9		10
206	四甲基硅烷	75-76-3		10
207	2-甲基丁烷	78-78-4		10
208	2-甲基 1,3-丁二烯	78-79-5		10
209	2-甲基丙醛	78-84-2	b	10
210	丁酮	78-93-3	a	10
211	乙酸甲酯	79-20-9	b	10
212	甲基丙烯酸甲酯	80-62-6		10
213	苯甲酸乙酯	93-89-0	c	10

序号	物质名称	CAS 号	突发事件案例以及遇水反应生成的物质	临界量/吨
214	1,2-二甲苯	95-47-6	b	10
215	苯甲醛	100-52-7	a	10
216	甲基苯胺	100-61-8	b，d	10
217	异辛醇	104-76-7	b	10
218	1,4-二甲苯	106-42-3	b，e	10
219	甲酸甲酯	107-31-3		10
220	醋酸酐	108-24-7	b	10
221	1,3-二甲苯	108-38-3	a	10
222	环己酮	108-94-1	b	10
223	戊烷	109-66-0	b	10
224	1-戊烯	109-67-1		10
225	甲缩醛	109-87-5	a	10
226	乙烯基乙醚	109-92-2		10
227	亚硝酸乙酯	109-95-5	a	10
228	正己烷	110-54-3	e	10
229	2,2-二羟基二乙胺	111-42-2	b	10
230	正辛醇	111-87-5	b	10
231	邻苯二甲酸二辛酯	117-84-0	b	10
232	2,6-二氯甲苯	118-69-4	e	10
233	丙烯酸丁酯	141-32-2	a，b	10
234	乙酸乙酯	141-78-6	e	10
235	1,3-戊二烯	504-60-9	e	10
236	3-甲基-1-丁烯	563-45-1		10
237	2-甲基-1-丁烯	563-46-2		10
238	顺式-2-戊烯	627-20-3		10
239	反式-2-戊烯	646-04-8		10
240	二乙烯酮	674-82-8	d	10
241	甲基萘	1321-94-4	b	10
242	甲基叔丁基醚	1634-04-4	b	10
243	石油醚	8032-32-4	a	10
244	乙醇	64-17-5	a	500*

序号	物质名称	CAS 号	突发事件案例以及遇水反应生成的物质	临界量/吨
第五部分 其他有毒物质				
245	氰化钠	143-33-9	氰化氢	0.25
246	氰化钾	151-50-8	氰化氢	0.25
247	五氧化二砷	1303-28-2		0.25
248	氧化镉	1306-19-0	b	0.25
249	三氧化二砷	1327-53-3	b	0.25
250	碳酸镍	3333-67-3		0.25
251	砷	7440-38-2	a，b，c，d	0.25
252	氯化镍	7718-54-9		0.25
253	铬酸	7738-94-5		0.25
254	铬酸钠	7775-11-3	e	0.25
255	砷酸氢二钠	7778-43-0		0.25
256	硫酸镍	7786-81-4	c	0.25
257	铬酸钾	7789-00-6		0.25
258	七水合砷酸氢二钠	10048-95-0		0.25
259	氯化镉	10108-64-2		0.25
260	硫酸镉	10124-36-4	c	0.25
261	硫酸镍铵	15699-18-0		0.25
262	四氧化锇	20816-12-0		0.25
263	乙酰甲胺磷	30560-19-1	d	0.25
264	五氯硝基苯	82-68-8		0.5
265	联苯胺	92-87-5		0.5
266	1,3-二硝基苯	99-65-0		0.5
267	1,2-二硝基苯	528-29-0	a	0.5
268	二苯基亚甲基二异氰酸酯（MDI）	26447-40-5	e	0.5
269	乐果	60-51-5	a	1
270	4-壬基苯酚	104-40-5		1
271	对苯醌	106-51-4	a	1
272	六氯苯	118-74-1		1
273	壬基酚	25154-52-3		1
274	多聚甲醛	30525-89-4	a	1
275	对壬基苯酚（混有异构体）	84852-15-3		1
276	联苯	92-52-4	b	2.5

序号	物质名称	CAS 号	突发事件案例以及遇水反应生成的物质	临界量/吨
277	氰酸钾	590-28-3	e	2.5
278	多氯联苯	1336-36-3	d	2.5
279	氯氰菊酯	52315-07-8	a	2.5
280	氯乙酸	79-11-8	d	5
281	5-叔丁基-2,4,6-三硝基间二甲苯	81-15-2		5
282	三氯异氰尿酸	87-90-1	d	5
283	萘	91-20-3	a	5
284	1,2,4,5-四氯代苯	95-94-3		5
285	1-氯-2,4-二硝基苯	97-00-7		5
286	2,6-二氯-4-硝基苯胺	99-30-9		5
287	对硝基氯苯	100-00-5	b	5
288	4-硝基苯胺	100-01-6		5
289	己内酰胺	105-60-2	e	5
290	苯酚	108-95-2	a，b，c，d	5
291	2,4,6-三硝基甲苯	118-96-7		5
292	2,4-二氯苯酚	120-83-2		5
293	2,4-二硝基甲苯	121-14-2		5
294	2,4,6-三溴苯胺	147-82-0		5
295	二氯异腈尿酸钠	2893-78-9	e	5
296	6-氯-2,4-二硝基苯胺	3531-19-9	a	5
297	次氯酸钠	7681-52-9	b	5
298	高氯酸铵	7790-98-9	e	5
299	白磷	12185-10-3	a	5
300	氟硅酸	16961-83-4	b	5
301	1,4-二氯苯	106-46-7		10
302	三聚氯氰	108-77-0	b	10
303	蒽	120-12-7	b	10
304	五氧化二磷	1314-56-3	e	10
305	硫酸铵	7783-20-2	e	10
306	硝基氯苯	25167-93-5	b	10
307	硫	63705-05-5	b，e	10
308	硝酸铵	6484-52-2	a	50**
309	氯酸钾	3811-04-9	e	100*
310	氯酸钠	7775-09-9	e	100*

序号	物质名称	CAS 号	突发事件案例以及遇水反应生成的物质	临界量/吨
第六部分 遇水生成有毒气体的物质				
311	磷化钙	1305-99-3	磷化氢	2.5
312	五硫化二磷	1314-80-3	d/硫化氢	2.5
313	亚硝基硫酸	7782-78-7	二氧化氮	2.5
314	五氟化碘	7783-66-6	氟化氢	2.5
315	五氟化锑	7783-70-2	氟化氢	2.5
316	六氟化铀	7783-81-5	氟化氢	2.5
317	三氟化溴	7787-71-5	氟化氢，溴	2.5
318	氟磺酸	7789-21-1	氟化氢	2.5
319	五氟化溴	7789-30-2	氟化氢，溴	2.5
320	磷化镁	12057-74-8	磷化氢	2.5
321	磷化钠	12058-85-4	磷化氢	2.5
322	磷化锶	12504-16-4	磷化氢	2.5
323	磷化钾	20770-41-6	磷化氢	2.5
324	磷化铝	20859-73-8	磷化氢	2.5
325	乙酰氯	75-36-5	氯化氢	5
326	甲基二氯硅烷	75-54-7	b/氯化氢	5
327	乙烯基三氯硅烷	75-94-5	氯化氢	5
328	丙酰氯	79-03-8	氯化氢	5
329	氯乙酰氯	79-04-9	氯化氢	5
330	异丁酰氯	79-30-1	氯化氢	5
331	二氯乙酰氯	79-36-7	氯化氢	5
332	二苯二氯硅烷	80-10-4	氯化氢	5
333	环己基三氯硅烷	98-12-4	氯化氢	5
334	苯基三氯硅烷	98-13-5	氯化氢	5
335	烯丙基三氯硅烷	107-37-9	氯化氢	5
336	戊基三氯硅烷	107-72-2	氯化氢	5
337	十八烷基三氯硅烷	112-04-9	氯化氢	5
338	乙基三氯硅烷	115-21-9	氯化氢	5
339	丙基三氯硅烷	141-57-1	氯化氢	5
340	甲基苯基二氯硅烷	149-74-6	氯化氢	5
341	乙酰溴	506-96-7	溴化氢	5
342	乙酰碘	507-02-8	碘化氢	5

序号	物质名称	CAS 号	突发事件案例以及遇水反应生成的物质	临界量/吨
343	己基三氯硅烷	928-65-4	氯化氢	5
344	乙基苯基二氯硅烷	1125-27-5	氯化氢	5
345	二乙基二氯硅烷	1719-53-5	氯化氢	5
346	乙基二氯硅烷	1789-58-8	氯化氢	5
347	十二烷基三氯硅烷	4484-72-4	氯化氢	5
348	正辛基三氯硅烷	5283-66-9	氯化氢	5
349	壬基三氯硅烷	5283-67-0	氯化氢	5
350	十六烷基三氯硅烷	5894-60-0	氯化氢	5
351	三氯化铝	7446-70-0	氯化氢	5
352	亚硫酸锌	7488-52-0	硫化氢，二氧化硫	5
353	正丁基三氯硅烷	7521-80-4	氯化氢	5
354	氯化亚砜	7719-09-7	氯化氢，二氧化硫	5
355	三溴化铝	7727-15-3	溴化氢	5
356	亚硫酸氢钾	7773-03-7	硫化氢，二氧化硫	5
357	连二亚硫酸钠	7775-14-6	硫化氢，二氧化硫	5
358	连二亚硫酸锌	7779-86-4	硫化氢，二氧化硫	5
359	三溴化磷	7789-60-8	溴化氢	5
360	五溴化磷	7789-69-7	溴化氢	5
361	硫酰氯	7791-25-5	氯化氢	5
362	五氯化磷	10026-13-8	氯化氢	5
363	三溴化硼	10294-33-4	溴化氢	5
364	二氯化硫	10545-99-0	氯化氢，硫化氢，二氧化硫	5
365	四氯化硫	13451-08-6	氯化氢，硫化氢，二氧化硫	5
366	亚硫酸氢钙	13780-03-5	硫化氢，二氧化硫	5
367	连二亚硫酸钾	14293-73-3	硫化氢，二氧化硫	5
368	铬酰氯	14977-61-8	氯化氢	5
369	连二亚硫酸钙	15512-36-4	硫化氢，二氧化硫	5
370	二苄基二氯硅烷	18414-36-3	氯化氢	5
371	氯苯基三氯硅烷	26571-79-9	氯化氢	5
372	二氯苯基三氯硅烷	27137-85-5	氯化氢	5
373	金属卤代烷	/	氯化氢	5
374	二氨基镁	7803-54-5	氨气	10
375	氮化锂	26134-62-3	氨气	10

序号	物质名称	CAS 号	突发事件案例以及遇水反应生成的物质	临界量/吨
	第七部分 重金属及其化合物			
376	铜及其化合物（以铜离子计）	/	b，d	0.25
377	锑及其化合物（以锑计）	/	a	0.25
378	铊及其化合物（以铊计）	/	b	0.25
379	钼及其化合物（以钼计）	/	a	0.25
380	钒及其化合物（以钒计）	/	a	0.25
381	镍及其化合物（以镍计）	/	d	0.25
382	钴及其化合物（以钴计）	/		0.25
383	银及其化合物（以银计）	/		0.25
384	铬及其化合物（以铬计）	/		0.25
385	锰及其化合物（以锰计）	/	a，d	0.25
	第八部分 其他类物质及污染物			
386	健康危险急性毒性物质（类别 1）	/	a，b	5**
387	NH_3-N 质量浓度≥2 000 mg/L 的废液	/	c	5
388	COD_{Cr} 质量浓度≥10 000 mg/L 的有机废液	/	a，b	10
389	健康危险急性毒性物质（类别 2，类别 3）	/	a，b，c	50**
390	危害水环境物质（急性毒性类别：急性 1，慢性毒性类别：慢性 1）	/		100**
391	危害水环境物质（慢性毒性类别：慢性 2）	/		200**
392	油类物质（矿物油类，如石油、汽油、柴油等；生物柴油等）	/	a，b	2 500**

注：1. a 代表该种物质曾由于生产安全事故引发了突发环境事件；b 代表该种物质曾由于交通事故引发了突发环境事件；c 代表该种物质曾由于非法排污引发了突发环境事件；d 代表该种物质曾由于其他原因引发了突发环境事件；e 代表该物质发生过生产安全事故。

2. 第一、第二、第三、第四、第五、第六部分风险物质临界量均以纯物质质量计，第七部分风险物质按标注物质的质量计。

3. 健康危害急性毒性物质分类见 GB 30000.18，危害水环境物质分类见 GB 30000.28。

* 该物质临界量参考 GB 18218。

** 该物质临界量参考欧盟《塞维索指令III》（2012/18/EU）。

（3）活动类型：指标 01（风险物质名称）填报的，必填。停产企业是否要填写（否）。

（4）存在量：指标 01（风险物质名称）填报的，必填。停产企业是否要填写（否）。

（5）工艺类型名称：停产企业是否要填写（否）。

（6）套数：指标 05（工艺类型名称）填写则必填，且非 0。停产企业是否要填写（否）。

（7）毒性气体泄漏监控预警措施：停产企业是否要填写（否）。

20）G106-1 表（工业企业污染物产排污系数核算信息）审核细则

（1）对应的普查表号：必填，选填 G102 表、G103-1 表至 G103-9 表、G103-13 表。停产企业是否要填写（否）。

（2）对应的排放口名称/编号：必填，核算污染物排放量的，排放口编号与相应普查表号中排污口名称/编号对应，污染物仅核算产生量的，注明“核算产生量”。停产企业是否要填写（否）。

（3）核算环节名称：必填，按照二污普填报助手中分类目录选择填报。停产企业是否要填写（否）。

（4）原料名称：必填，按照二污普填报助手中分类目录选择填报。停产企业是否要填写（否）。

（5）产品名称：必填，按照二污普填报助手中分类目录选择填报。停产企业是否要填写（否）。

（6）工艺名称：必填，按照二污普填报助手中分类目录选择填报。停产企业是否要填写（否）。

（7）生产规模等级：必填，按照二污普填报助手中分类目录选择填报。停产企业是否要填写（否）。

（8）生产规模的计量单位：必填，按照二污普填报助手中分类目录选择填报。停产企业是否要填写（否）。

（9）产品产量：必填，按照二污普填报助手中分类目录选择填报。停产企业是否要填写（否）。

（10）产品产量的计量单位：必填，按照二污普填报助手中分类目录选择填报。停产企业是否要填写（否）。

（11）原料/燃料用量：必填，按照二污普填报助手中分类目录选择填报。停产企业是否要填写（否）。

（12）原料/燃料用量的计量单位：必填，按照二污普填报助手中分类目录选择填报。停产企业是否要填写（否）。

（13）污染物名称：必填，按照二污普填报助手中分类目录选择填报。停产企业是否要填写（否）。

（14）污染物产污系数及计量单位：停产企业是否要填写（否）。

（15）污染物产污系数中参数取值：停产企业是否要填写（否）。

（16）污染物产生量及计量单位：停产企业是否要填写（否）。

（17）污染物处理工艺名称：对应核算环节及指标 13（污染物名称）选取。停产企业是否要填写（是）。

（18）污染物去除效率/排污系数及计量单位：必填。停产企业是否要填写（否）。

（19）污染治理设施实际运行参数一名称：对应核算环节及指标 13（污染物名称）选取。停产企业是否要填写（否）。

（20）污染治理设施实际运行参数一数值：必填。停产企业是否要填写（否）。

（21）污染治理设施实际运行参数一计量单位：对应指标 19（污染治理设施实际运行参数一名称）选取。停产企业是否要填写（否）。

21）G106-2 表（工业企业废水监测数据）审核细则

（1）对应的普查表号：若填报，需填 G102 表（工业企业废水治理与排放情况）。停产企业是否要填写（否）。

（2）对应的排放口名称/编号：指标 1（对应的普查标号）填报的，必填，并与 G102 表排污口名称/编号对应。停产企业是否要填写（否）。

（3）进口水量：停产企业是否要填写（否）。

（4）出口水量：≤指标 3（进口水量）。停产企业是否要填写（否）。

（5）经总排放口排放的水量（立方米）：≤指标 04（出口水量）。停产企业是否要填写（否）。

（6）化学需氧量进口浓度（毫克/升）：≥指标 7（化学需氧量出口浓度）。停产企业是否要填写（否）。

（7）化学需氧量出口浓度（毫克/升）：G102 表（工业企业废水治理与排放情况）中的指标 20（排入污水处理厂/企业名称）填写的，出口浓度等于 J101-3 表（集中式污水处理厂污水监测数据）中该污水处理厂年均浓度出口；G102 表（工业企业废水治理与排放情况）的指标 20（排入污水处理厂/企业名称）空值，则≤1 000。停产企业是否要填写（否）。

（8）氨氮进口浓度：≥指标 9（氨氮出口浓度）。停产企业是否要填写（否）。

（9）氨氮出口浓度（毫克/升）：G102 表（工业企业废水治理与排放情况）中的指标 20（排入污水处理厂/企业名称）填写的，出口浓度等于 J101-3 表（集中式污水处理厂污水监测数据）中该污水处理厂年均浓度出口；G102 表（工业企业废水治理与排放情况）中的指标 20（排入污水处理厂/企业名称）空值，则≤80。停产企业是否要填写（否）。

（10）总氮进口浓度：≥指标 11（总氮出口浓度）。停产企业是否要填写（否）。

（11）总氮出口浓度：G102 表（工业企业废水治理与排放情况）中的指标 20（排入污水处理厂/企业名称）填写的，出口浓度等于 J101-3 表（集中式污水处理厂污水监测数据）中该污水处理厂年均浓度出口。停产企业是否要填写（否）。

（12）总磷进口浓度：≥指标 13（总磷出口浓度）。停产企业是否要填写（否）。

（13）总磷出口浓度：G102 表（工业企业废水治理与排放情况）中的指标 20（排入污水处理厂/企业名称）填写的，出口浓度等于 J101-3 表（集中式污水处理厂污水监测数据）中该污水处理厂年均浓度出口；G102 表（工业企业废水治理与排放情况）中的指标 20（排入污水处理厂/企业名称）空值，则≤20。停产企业是否要填写（否）。

（14）石油类进口浓度：≥指标 15（石油类出口浓度）。停产企业是否要填写（否）。

（15）石油类出口浓度：G102 表（工业企业废水治理与排放情况）中的指标 20（排入污水处理厂/企业名称）填写的，出口浓度等于 J101-3 表（集中式污水处理厂污水监测数据）中该污水处理厂年均浓度出口，≥20 的重点核实；G102 表（工业企业废水治理与排放情况）中的指标 20（排入污水处理厂/企业名称）空值，则≤10。停产企业是否要填写（否）。

（16）挥发酚进口浓度（毫克/升）：≥指标 17（挥发酚出口浓度）。停产企业是否要填写（否）。

（17）挥发酚出口浓度（毫克/升）：G102 表（工业企业废水治理与排放情况）中的指标 20（排入污水处理厂/企业名称）填写的，出口浓度等于 J101-3 表（集中式污水处理厂污水监测数据）中该污水处理厂年均浓度出口，≥2 的重点核实；G102 表（工业企业废水治理与排放情况）中的指标 20（排入污水处理厂/企业名称）空值，则≤0.5。停产企业是否要填写（否）。

（18）氰化物进口浓度（毫克/升）：≥指标 19（氰化物出口浓度）。停产企业是否要填写（否）。

（19）氰化物出口浓度（毫克/升）：G102 表（工业企业废水治理与排放情况）中的指标 20（排入污水处理厂/企业名称）填写的，出口浓度等于 J101-3 表（集中式污水处理厂污水监测数据）中该污水处理厂年均浓度出口，≥1 的重点核实；G102 表（工业企业废水治理与排放情况）中的指标 20（排入污水处理厂/企业名称）空值，则≤0.5。停产企业是否要填写（否）。

（20）总砷进口浓度（毫克/升）：≥指标 21（总砷出口浓度）。停产企业是否要填写（否）。

（21）总砷出口浓度（毫克/升）：≥0.5 的重点核实。停产企业是否要填写（否）。

（22）总铅进口浓度（毫克/升）：≥指标 23（总铅出口浓度）。停产企业是否要填写（否）。

（23）总铅出口浓度（毫克/升）：≥1 的重点核实。停产企业是否要填写（否）。

（24）总镉进口浓度（毫克/升）：≥指标 25（总镉出口浓度）。停产企业是否要填写（否）。

（25）总镉出口浓度（毫克/升）：≥0.1 的重点核实。停产企业是否要填写（否）。

（26）总铬进口浓度（毫克/升）：≥指标 27（总铬出口浓度）。停产企业是否要填写（否）。

（27）总铬出口浓度（毫克/升）：≥1.5 的重点核实。停产企业是否要填写（否）。

（28）六价铬进口浓度（毫克/升）：≥指标 29（六价铬出口浓度）。停产企业是否要填写（否）。

（29）六价铬出口浓度（毫克/升）：≥ 0.5 的重点核实。停产企业是否要填写（否）。

（30）总汞进口浓度（毫克/升）：≥指标 31（总汞出口浓度）。停产企业是否要填写（否）。

（31）总汞出口浓度（毫克/升）：≥0.05 的重点核实。停产企业是否要填写（否）。

22）G106-3 表（工业企业废气监测数据）审核细则

（1）对应的普查表号：若填报，必填 G103-1 至 G103-9、G103-13。停产企业是否要填写（否）。

（2）对应的排放口名称/编号：指标 1（对应的普查表号）填报的，必填，并与相应普查表号中排污口名称/编号对应。停产企业是否要填写（否）。

（3）平均流量：指标 1（对应的普查表号）填报的，必填。停产企业是否要填写（否）。

（4）年排放时间：指标 1（对应的普查表号）填报的，必填。停产企业是否要填写（否）。

（5）二氧化硫进口浓度（毫克/立方米）：≥指标 6（二氧化硫出口浓度）。停产企业是否要填写（否）。

（6）二氧化硫出口浓度（毫克/立方米）：≤3 000。停产企业是否要填写（否）。

（7）氮氧化物进口浓度（毫克/立方米）：≥指标 8（氮氧化物出口浓度）。停产企业是否要填写（否）。

（8）氮氧化物出口浓度（毫克/立方米）：≤2 000。停产企业是否要填写（否）。

（9）颗粒物进口浓度（毫克/立方米）：≥指标 10（颗粒物出口浓度）。停产企业是否要填写（否）。

（10）颗粒物出口浓度（毫克/立方米）：≤300。停产企业是否要填写（否）。

（11）挥发性有机物进口浓度（毫克/立方米）：≥指标 12（挥发性有机物出口浓度）。停产企业是否要填写（否）。

（12）挥发性有机物出口浓度（毫克/立方米）：≤220。停产企业是否要填写（否）。

（13）氨进口浓度（毫克/立方米）：≤指标 14（氨出口浓度）。停产企业是否要填写（否）。

（14）氨出口浓度（毫克/立方米）：≥30 的重点核实。停产企业是否要填写（否）。

（15）砷及其化合物进口浓度（毫克/立方米）：≥指标 16（砷及其化合物出口浓度）。停产企业是否要填写（否）。

（16）砷及其化合物出口浓度（毫克/立方米）：≥0.5 的重点核实。停产企业是否要填写（否）。

（17）铅及其化合物进口浓度（毫克/立方米）：≥指标 18（铅及其化合物出口浓度）。停产企业是否要填写（否）。

（18）铅及其化合物出口浓度（毫克/立方米）：≥2 的重点核实。停产企业是否要填写（否）。

（19）镉及其化合物进口浓度（毫克/立方米）：≥指标 20（镉及其化合物出口浓度）。停产企业是否要填写（否）。

（20）镉及其化合物出口浓度（毫克/立方米）：≥1 的重点核实。停产企业是否要填写（否）。

（21）铬及其化合物进口浓度（毫克/立方米）：≥22（铬及其化合物出口浓度）。停产企业是否要填写（否）。

（22）铬及其化合物出口浓度（毫克/立方米）：≥4 的重点核实。停产企业是否要填写（否）。

（23）汞及其化合物进口浓度（毫克/立方米）：≥指标 24（汞及其化合物出口浓度）。停产企业是否要填写（否）。

（24）汞及其化合物出口浓度（毫克/立方米）：≥3 的重点核实。停产企业是否要填写（否）。

3.1.2.2　农业源审核规则主要内容

1）N101-1 表（规模畜禽养殖场基本情况）审核细则

（1）统一社会信用代码：统一社会信用代码与组织机构代码至少填写一项。首字母为 X 则为普查对象识别码，第 3～14 位与 12 位统计用区划代码相同，后 4 位不重复。

（2）养殖场名称：必填。

（3）法定代表人：必填。

（4）区划代码：必填，与国家统计局区划代码保持一致，区划代码为 12 位数字，与清查保持一致。

（5）详细地址：省、地市、区县、乡镇等指标必填。

（6）企业地理坐标：必填，应在本省四至坐标范围内。

（7）联系方式：必填，座机应填写区号，非 11～12 位的，重点提醒审核。

（8）养殖种类：必填，1～5 整数。

（9）圈舍清粪方式：必填；单选 1～6 整数。

（10）圈舍通风方式：必填，1 或 2。

（11）原水存储设施：必填。

（12）尿液废水处理工艺：1～10 的整数。

（13）尿液废水处理设施：1～9 的整数。

（14）尿液废水处理利用方式及比例：选项 1～10 百分比总和小于等于 100%。

（15）粪便存储设施：排序，筛选异常值。

（16）粪便处理工艺：1～6 的整数。

（17）粪便处理利用方式及比例：选项 1～10 百分比总和等于 100%。

（18）污水排放受纳水体：指标 14（尿液废水处理利用方式及比例） 选 8 达标排放或 9 直接排放，且任一占比大于 0，则必填。

（19）养殖场是否有锅炉：必填如果选 1，锅炉达到 1 蒸吨以上则填 S103 表（非工业企业单位锅炉污染及防治情况）。

（20）饲养阶段名称：选中的饲养阶段名称应该与指标 08（养殖种类）选中的畜禽种类对应。生猪分为能繁母猪、保育猪、育成育肥猪 3 个阶段；奶牛分为成乳牛、育成牛、犊牛 3 个阶段；肉牛分为母牛、育成育肥牛、犊牛 3 个阶段；蛋鸡分为育雏育成鸡和产蛋鸡 2 个阶段；肉鸡 1 个阶段。

（21）饲养阶段代码：格式为字母+数字，需与指标 20（饲养阶段名称）相对应，生猪分为能繁母猪（代码：Z1）、保育猪（代码：Z2）、育成育肥猪（代码：Z3）3 个阶段，奶牛分为成乳牛（代码：N1）、育成牛（代码：N2）、犊牛（代码：N3）3 个阶段，肉牛分为母牛（代码：R1）、育成育肥牛（代码：R2）、犊牛（代码：R3）3 个阶段，蛋鸡分为育雏育成鸡（代码：J1）和产蛋鸡（代码：J2）2 个阶段，肉鸡（代码：J3）1 个阶段。

（22）存栏量（头/羽）：指标 20（饲养阶段名称）、21（饲养阶段代码）应与指标 22（存栏量）、23（体重范围）、24（采食量）、25（饲养周期）同有同无。

（23）体重范围（千克/头）：指标 20（饲养阶段名称）、21（饲养阶段代码）为繁母猪（代码：Z1）则体重范围为 70～250、为保育猪（代码：Z2）则体重范围为 5～50、为育成育肥猪（代码：Z3）则体重范围为 20～140，为成乳牛（代码：N1）则体重范围为 350～800、为育成牛（代码：N2）则体重范围为 180～500、为犊牛（代码：N3）则体重范围为 30～250，为母牛（代码：R1）则体重范围为 200～750、为育成育肥牛（代码：R2）则体重范围为 200～750、为犊牛（代码：R3）则体重范围为 20～300，为育雏育成鸡（代码：J1）则体重范围为 0.033～1.5，为产蛋鸡（代码：J2）则体重范围为 0.80～2.80，肉鸡（代码：J3）则体重范围为 0.03～3.50。

（24）采食量［千克/（天·头）］：指标 20（饲养阶段名称）、21（饲养阶段代码）为繁母猪（代码：Z1）则采食量为 2.0～5.0、为保育猪（代码：Z2）则采食量为 0.4～2.0、为育成育肥猪（代码：Z3）则采食量为 1.0～4.0，奶牛为成乳牛（代码：N1）则采食量为 30～55、为育成牛（代码：N2）则采食量为 10～30、为犊牛（代码：N3）则采食量为 0.5～10，肉牛为母牛（代码：R1）则采食量为 20～50、为育成育肥牛（代码：R2）则采食量为 20～55、为犊牛（代码：R3）则采食量为 0.5～10，蛋鸡为育雏育成鸡（代码：J1）则采食量为 0.010～0.240，为产蛋鸡（代码：J2）则采食量为 0.080～0.260，肉鸡（代码：J3）则采食量为 0.010～0.260。

（25）饲养周期（天）：指标 20（饲养阶段名称）、21（饲养阶段代码）为繁母猪（代码：Z1）则饲养周期为 1～365、为保育猪（代码：Z2）则饲养周期为 1～90、为育成育肥猪（代码：Z3）则饲养周期为 1～365，奶牛为成乳牛（代码：N1）则饲养周期为 1～365、为育成牛（代码：N2）则饲养周期为 1～365、为犊牛（代码：N3）则饲养周期为 1～260，肉牛为母牛（代码：R1）则饲养周期为 1～365、为育成育肥牛（代码：R2）则饲养周期为 1～365、为犊牛（代码：R3）则饲养周期为 11～300，蛋鸡为育雏育成鸡（代码：J1）则饲养周期为 1～140，为产蛋鸡（代码：J2）则饲养周期为 1～365，肉鸡（代码：J3）则饲养周期为 1～280。

2）N101-2 表（规模畜禽养殖场养殖规模与粪污处理情况）审核细则

（1）圈舍建筑面积：排序，筛选异常值考虑养殖周期，不能用年末数据。

（2）生猪（全年出栏量）（头）：整数，≥500，且≤500 000。与 N101-1 表中畜禽种类对应。

（3）奶牛（年末存栏量）（头）：整数，≥0，且≤50 000。与 N101-1 畜禽种类对应。

（4）肉牛（全年出栏量）（头）：整数，≥50，且≤50 000。与 N101-1 畜禽种类对应。

（5）蛋鸡（年末存栏量）（羽）：整数，≥0，且≤3 000 000。与 N101-1 畜禽种类对应。

（6）肉鸡（全年出栏量）（羽）：整数，≥10 000，且≤5 000 000。与 N101-1 畜禽种类对应。

（7）污水产生量：生猪：13 吨/（年·头），蛋鸡、肉鸡：0.5 吨/（年·只），奶牛：120 吨/（年·头），肉牛：60 吨/（年·头）。超过理论值 30%的重点核实。

（8）污水利用量：≤指标 7（污水产生量）。

（9）粪便收集量：生猪：0.8 吨/（年·头），蛋鸡：0.06 吨/（年·只），肉鸡：0.05 吨/（年·只），奶牛：11 吨/（年·头），肉牛：8 吨/（年·头）。超过理论值 30%的重点核实。

（10）粪便利用量：≤指标 9（粪便收集量）。

（11）农田面积：数字，指标 11=指标 12+指标 18+指标 19+指标 20。N101-1 表中指标 17（粪便处理及利用方式）选 1 农家肥且比例大于 0 的，必填。

（12）大田作物：数字，指标 12=指标 13+指标 14+指标 15+指标 16+指标 17。

3.1.2.3 集中式污染治理设施审核规则主要内容

1）J101-1 表（集中式污水处理厂基本情况）审核细则

（1）统一社会信用代码：首字母为 J 则为普查对象识别码，第 3～14 位与 12 位统计用区划代码相同。

（2）单位详细名称：必填。若 J101-1 指标 01（统一社会信用代码）中括号内有顺序码，表明有不同厂址，则此处单位名称对应用括号注明本厂址名称。

（3）运营单位名称：必填。

（4）法定代表人：必填。

（5）区划代码：必填，与国家统计局区划代码保持一致。区划代码为 12 位数字，与清查保持一致。

（6）详细地址：必填。

（7）企业地理坐标：必填。

（8）联系方式：必填。电话号码为 11～12 位数字。

（9）污水处理设施类型：必填。

（10）建成时间：必填；年份为 4 位数，月份为 01—12，年份≤2017。

（11）污水处理方法：必填，名称、代码必须与《废水处理方法名称及代码表》中保持一致。代码为 4 位整数。

（12）排水去向类型：必填，A～K 之间字母，必须与《排水去向类型代码表》中保持一致。

（13）排水进入环境的地理坐标：如指标 12（排水去向类型）中选择 A、B、F、G、K 中任何一种，则必填。

（14）受纳水体：如指标 12（排水去向类型）选择 A、B、F、G、K 中任何一种，则必填。

（15）是否安装在线监测：未安装不填，安装必填。

（16）有无再生水处理工艺：必填，如选择“1 有”，须填报 J101-2 表（集中式污水处理厂运行情况）中关于再生水量的指标 06～09。

（17）污泥稳定化处理（自建）：必填，“污泥厌氧消化装置”选择“1 有”，须填报 J101-2 表（集中式污水处理厂运行情况）第 11、12 指标。

（18）污泥稳定化处理方法：指标 17（污泥稳定化处理（自建））选“1 有”，则必填。

（19）厂区内是否有锅炉：必填，如选择“1 有”且≥1 蒸吨，须填报 S103 表（非工业企业单位锅炉污染及防治情况）。

2）J101-2 表 集中式污水处理厂运行情况审核细则

（1）年运行天数：必填，1～365 之间。

（2）用电量：必填。J101-1 表（集中式污水处理厂基本情况）中指标 09（污水处理厂类型）为 1 城镇污水处理厂的，合理范围为指标 04（污水实际处理量）×[0.1～1]，超出范围的重点核实。

（3）设计污水处理能力（立方米/日）：必填。一是对于 J101-1 表（集中式污水处理厂基本情况）中指标 09（污水处理厂类型）为 1、2、4 的（城镇、工业、其他污水处理厂），指标 03（设计污水处理能力）范围超出 100～350 000 的重点核实，是否单位填报成万吨或者污水处理厂类型填报错误。二是尤其是小于 10 的重点核实单位错以万吨进行了填报。三是对于 J101-1 表（集中式污水处理厂基本情况）中指标 09（污水处理厂类型）类型为 3（农村污水设施）的，设计污水处理能力≥10。

（4）污水实际处理量：必填，≥指标 05（处理的生活污水量），超出指标 01（年运行天数）×指标 03（设计处理能力）×110%的重点核实。保留 2 位小数。

（5）其中：处理的生活污水量：必填。

（6）再生水量：如 J101-1 表（集中式污水处理厂基本情况）中指标 16（有无再生水处理工艺）选择“1 有”，则必填。且指标 07～09 中必须有一项不能为空，指标 06≥指标 07+指标 08+指标 09。

（7）其中：工业用水量：非必填项。

（8）市政用水量：非必填项。

（9）景观用水量：非必填项。

（10）干污泥产生量：必填，≥1 指标 13（干污泥处置量）。J101-1 表（集中式污水处理厂基本情况）中指标 09（污水处理厂类型）为 1 城镇污水处理厂的，该指标合理范围为指标 04（污水实际处理量）×[0.2～4]，超出范围的重点核实。

（11）污泥厌氧消化装置产气量（有厌氧装置的填报）：如 J101-1 表（集中式污水处理厂基本情况）中指标 17［污泥稳定化处理（自建）］选择“1 有”，则必填。

（12）污泥厌氧消化装置产气利用方式：如 J101-1 表（集中式污水处理厂基本情况）中指标 17［污泥稳定化处理（自建）］选择“1 有”，则必填。

（13）干污泥处置量：非必填项。

（14）自行处置量：非必填项。若填报，则指标 14=指标 15+指标 16+指标 17+指标 18。

（15）其中：土地利用量：非必填项。

（16）填埋处置量：非必填项。

（17）建筑材料利用量：非必填项。

（18）焚烧处置量：非必填项。

（19）送外单位处置量：非必填项。

3）J101-3 表（集中式污水处理厂污水监测数据）审核规则

（1）J101-1 表（集中式污水处理厂基本情况）中指标 09（污水处理厂类型）为 1、2（城镇、工业污水设施）的，该表必填。

（2）对于 J101-1 表（集中式污水处理厂基本情况）中指标 09（污水处理厂类型）为 1（城镇污水处理厂）的，指标的合理范围为，年平均值 COD：进口浓度≤500 mg/L，15 mg/L≤出口浓度≤100 mg/L。氨氮：进口浓度≤50 mg/L，出口浓度≤10 mg/L。总磷：进口浓度≤30 mg/L，出口浓度≤5 mg/L，超出此范围的重点核实。

4）J102-1 表［生活垃圾集中处置场（厂）基本情况］审核细则

（1）统一社会信用代码：必填；首字母为 J 则为普查对象识别码，第 3～14 位与 12 位统计用区划代码相同。

（2）单位详细名称：必填。

（3）法定代表人：必填。

（4）区划代码：必填，与国家统计局区划代码保持一致，为 12 位数字。

（5）详细地址：必填。

（6）企业地理坐标：必填。

（7）联系方式：必填，为 11～12 位数字。

（8）建成时间：必填；年份为 4 位数，月份为 01～12，年份≤2017。

（9）垃圾处理厂类型：必填。

（10）垃圾处理方式：必填，可多选。其中处理方式为 3 垃圾焚烧发电的，必须同时填报工业源表格。

（11）垃圾填埋场水平防渗：必填。

（12）排水去向类型：必填，为字母 A～K，须按照《排水去向类型代码表》填写。

（13）受纳水体：若指标 12（排水去向类型）选择 A、B、F、G、K 中任何一种，则必填。

（14）排水进入环境的地理坐标：若指标 12（排水去向类型）选择 A、B、F、G、K 中任何一种，则必填。

（15）焚烧废气排放口：非必填项目。

（16）废气处理方法：指标 15（焚烧废气排放口）填报的，必填。名称、代码必须与《脱硫、脱硝、除尘、挥发性有机物处理工艺代码、名称》中保持一致。

5）J102-2 表［生活垃圾集中处置场（厂）运行情况］审核细则

（1）年运行天数：必填，在 0～365。

（2）本年实际处理量（万吨）：必填，指标 02=指标 08+指标 10+指标 19+指标 37。大于 150 的重点核实是否单位错误为吨。

填埋方式：

（3）设计容量（万立方米）：大于 3 200 的重点核实，是否填报单位错填为立方米。

（4）已填容量：大于指标 03（设计容量）10%以上的重点核实。

（5）正在填埋作业区面积：非必填项。

（6）已使用黏土覆盖区面积：非必填项。

（7）已使用塑料土工膜覆盖区面积：非必填项。

（8）本年实际填埋量：大于 100 万吨的重点核实，是否单位填报错误为吨。

堆肥处置方式：

（9）设计处理能力（吨/日）：大于 300 的重点核实。

（10）本年实际堆肥量（万吨）：大于 15 的重点核实。＞指标 09（设计处理能力）×指标 01（年运行天数）÷1 000 的 10%的重点核实。

（11）渗滤液收集系统：指标 09 填报的，必填。

焚烧处置方式：

（12）设施数量：必填，指标 12=指标 13+指标 14+指标 15+指标 16+指标 17。

（13）设计焚烧处理能力（吨/日）：指标 12（设施数量）填写的，必填。大于 2 000 的重点核实。

（14）本年实际焚烧处理量（万吨）：指标 12（设施数量）填写的，必填。一是大于 80 的重点核实。二是本年实际焚烧处理量＞（设计焚烧处理能力×01 年运行天数÷10 000）的 10%的重点核实。

厌氧发酵处置方式（有餐厨垃圾处理的填报）：

（15）本年实际处置量：超出设计处理能力×运行天数 10%的重点核实。保留 2 位小数。

生物分解处置方式（有餐厨垃圾处理的填报）。

（16）本年实际处置量：实际处置量超出设计处理能力×指标运行天数 10%的重点核实。

全场（厂）废水（含渗滤液）产生及处理情况。

（17）废水（含渗滤液）产生量（立方米）：大于 500 000 的重点核实。

（18）废水处理方式：必填，选“1 自行处理”的，必填指标 40～43，选 2、3、4 的，不填指标 40～45。

3.1.2.4 审核软件功能介绍

根据《山东省第二次全国污染源普查入户调查阶段数据审核规则》研发了入户调查阶段数据审核软件，除了审核规则的嵌套，针对在线系统导出数据为数值型、不利于数据处理的实际情况，软件还增加了排序、筛选等使用功能，充分利用排序这一简单易操作的方式，开展离散值锁定及核实。同时针对工业源普查报表分表较多的实际情况，开发了表单拼接功能，实现不同报表间指标的随意拼接，呈现在同一张表格中。审核软件以客户端形式发布，受用群体兼顾省、市、区县级三级普查机构，具备数据审核、排序、筛选等功能，具有客户端形式、无须部署服务器、实时多次校验、支持排序和筛选的特点。

软件运行环境：

系统要求：Windows7 以上 64 位 Windows 平台系统。网络要求：山东省环保专网。

软件基本信息及架构原理：

开发语言及版本：Python 3.7。

框架及库：Django、UWSGI、Nginx、PyQt5、xlrd、xlwt、requests、bs4 等。

数据库：Sqlite3、MySQL。

架构：C/S 架构。

主要功能区域介绍：

1）软件首页

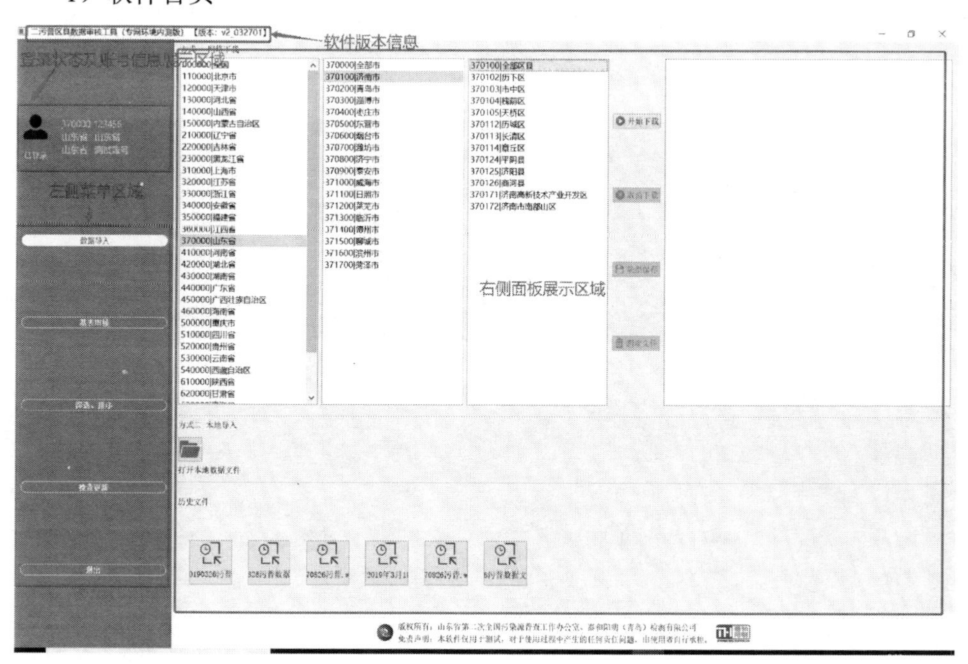

2）数据审核界面

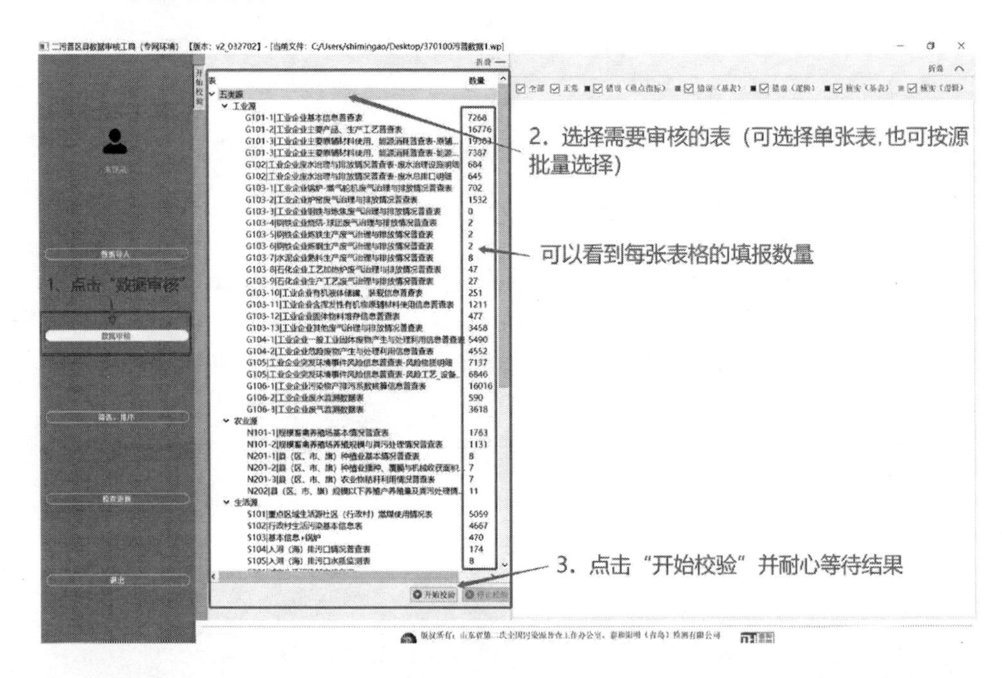
1、点击“数据审核”
2．选择需要审核的表（可选择单张表，也可按源批量选择）
可以看到每张表格的填报数量
3．点击“开始校验”并耐心等待结果

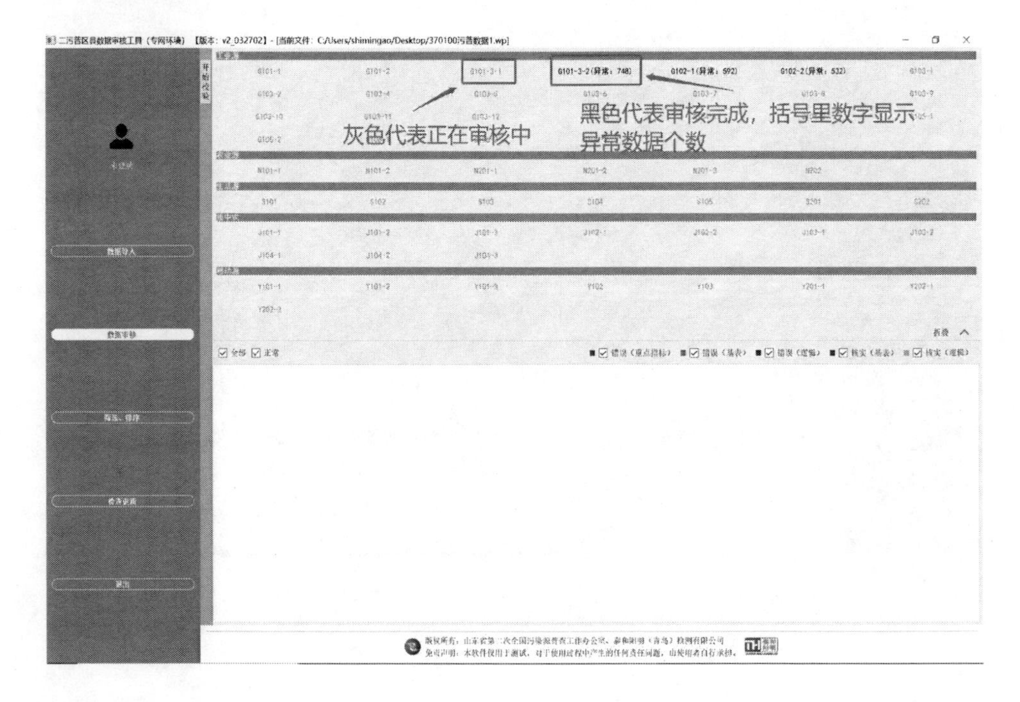
灰色代表正在审核中
黑色代表审核完成，括号里数字显示异常数据个数

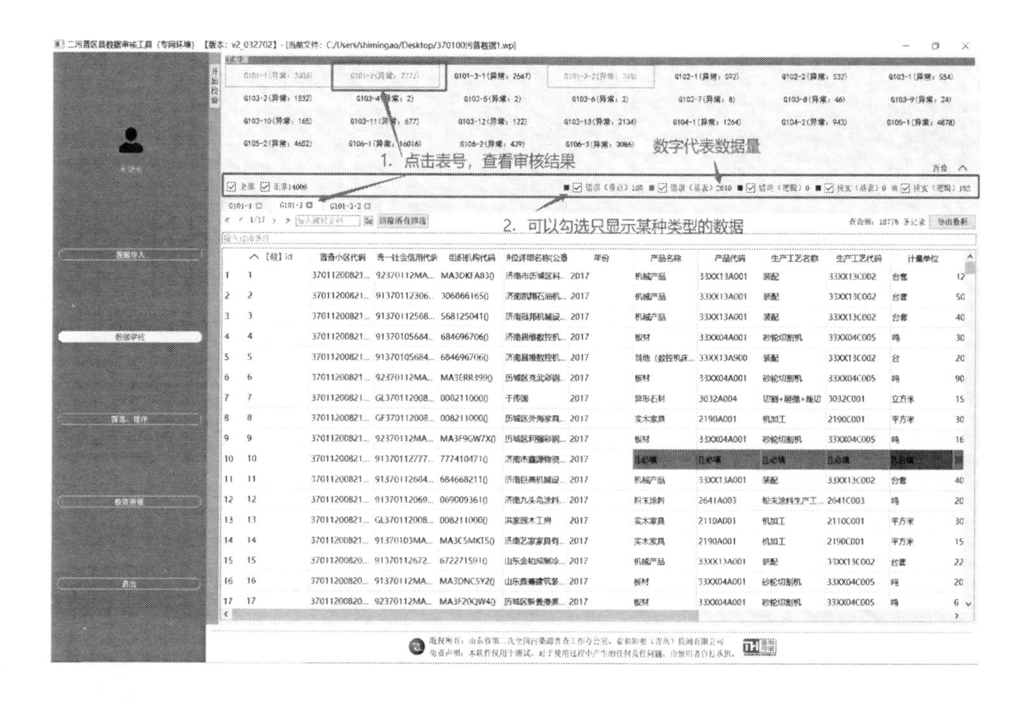
1．点击表号，查看审核结果
数字代表数据量
2．可以勾选只显示某种类型的数据

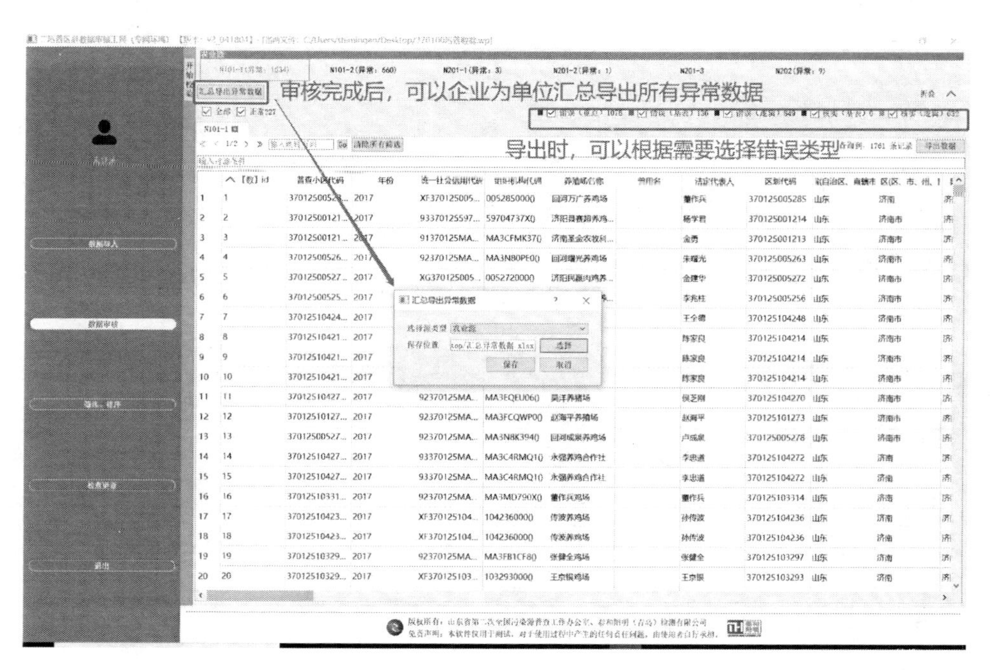
审核完成后，可以企业为单位汇总导出所有异常数据
导出时，可以根据需要选择错误类型

3）数据排序页面

二污普区县数据审核工具（专网环境）【版本：v2_032702】-[当前文件：C:/Users/shimingao/Desktop/370100污普数据1.wp]

☑全部 ☑正常14008　■☑错误（重点）180 ■☑错误（基表）2610 ■☑错误（逻辑）0 ■☑核实（基表）0 ■☑核实（逻辑）182

G101-1　G101-2　G101-3-2

1. 双击表头进行排序，再次双击进行反向排序

2. 若字段不是数字类型，可右键单击表头选择标记为数字类型后进行排序

共有约：1780 条记录　导出数据

	单位详细名称(公章)	年份	【*】产品名称	产品代码	生产工艺名称	生产工艺代码	计量单位	【数】生产能力	实际产量	单位负责人	统计负责人(审核…
1	费斯托气动有限...	2017	干式机加工件	33XX07A001	其他（机械加工...	33XX07C900	[illegible]	5110000	2456822	曹宁	张燕
2	[illegible]	2017	[illegible]	[illegible]	车床加工	33XX07C001	吨	5000000	4000000	张君永	张君永
3	[illegible]	[illegible]	干式机加工件	33XX07A001	铣床加工	33XX07C002	吨	320000	240000	康与甫	康与甫
4	山东大汉建设机...	2017	干式机加工件	33XX07A001	车床加工	33XX07C001	吨	320000	240000	康与甫	康与甫
5	中国重汽集团济...	2017	干式机加工件	33XX07A001	铣床加工	33XX07C002	吨	200000	171080	安波	安波
6	济钢集团有限公...	2017	干式机加工件	33XX07A001	模压成形	33XX08C007	吨	180000	30400	薄涛	薄涛
7	章丘市西溪泵机...	2017	干式机加工件	33XX07A001	车床加工	33XX07C001	吨	100000	500	孙明新	孙明新
8	济南欧泺灯具有...	2017	干式机加工件	33XX07A001	冲压	33XX05C002	吨	100000	80000	巩乃楠	巩乃楠
9	济南欧泺灯具有...	2017	干式机加工件	33XX07A001	下料	33XX07C900	吨	100000	80000	巩乃楠	巩乃楠
10	济南迈克阀门科...	2017	干式机加工件	33XX07A001	加工中心加工	33XX07C008	吨	87087	18139.28	毛海滢	毛海滢
11	济南迈克阀门科...	2017	干式机加工件	33XX07A001	磨床加工	33XX07C004	吨	87087	18139.28	毛海滢	毛海滢
12	济南迈克阀门科...	2017	干式机加工件	33XX07A001	车床加工	33XX07C001	吨	87087	18139.28	毛海滢	毛海滢
13	山东圣达阀门集...	2017	干式机加工件	33XX07A001	加工中心加工	33XX07C008	吨	60000	20000	李永刚	卢继奎
14	玫德集团有限公...	2017	干式机加工件	33XX07A001	车床加工	33XX07C001	吨	45000	10760	刘区锋	高士伟
15	济南天工铸造有...	2017	干式机加工件	33XX07A001	车床加工	33XX07C001	吨	40000	3200	韩维设	韩维设
16	山东明威起重设...	2017	干式机加工件	33XX07A001	车床加工	33XX07C001	吨	36000	2200	魏希书	李宗德
17	济南恒业泵阀有...	2017	干式机加工件	33XX07A001	车床加工	33XX07C001	吨	30400	2500	张永胜	张永胜
18	章丘市良工机械...	2017	干式机加工件	33XX07A001	抛丸	33XX06C001	吨	30000	20000	李鸣群	李鸣群
19	章丘市良工机械...	2017	干式机加工件	33XX07A001	冲压	33XX05C002	吨	30000	20000	李鸣群	李鸣群
20	章丘市良工机械...	2017	干式机加工件	33XX07A001	钻床加工	33XX07C007	吨	30000	20000	李鸣群	李鸣群
21	章丘市良工机械...	2017	干式机加工件	33XX07A001	铣床加工	33XX07C002	吨	30000	20000	李鸣群	李鸣群
22	章丘市良工机械...	2017	干式机加工件	33XX07A001	车床加工	33XX07C001	吨	30000	20000	李鸣群	李鸣群

版权所有：山东省第二次全国污染源普查工作办公室、泰和阳明（青岛）检测有限公司
免责声明：本软件仅用于测试，对于使用过程中产生的任何责任问题，由使用者自行承担。

4）数据筛选

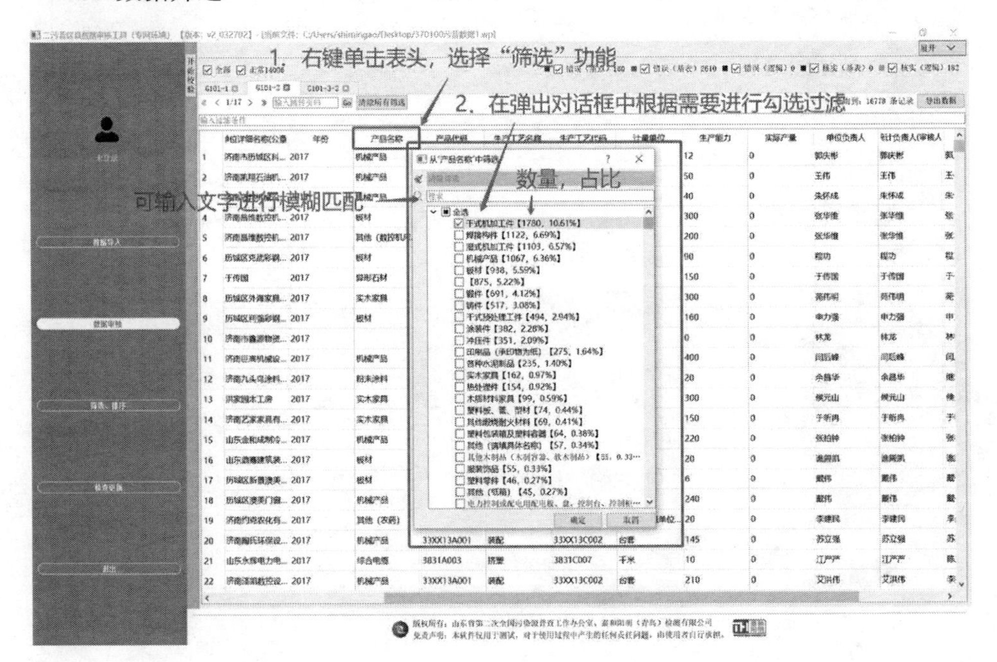

3.1.3 数据汇总阶段审核内容

为做好数据汇总阶段审核工作，便于各级普查机构开展数据集中审核，确保产排污量核算相关基础数据及排放量数据准确性，确保环境管理常用指标合理性，制定了《山东省第二次全国污染源普查产排污核算数据审核方案》。数据汇总阶段的数据审核主要是依靠人工审核完成。

3.1.3.1 审核范围及方式

开展工业源、生活源、集中式、移动源四类污染源全面审核。数据审核主要从宏观审核和微观审核两方面入手。宏观审核制是对汇总数据的审核。微观审核主要是对单个普查对象数据的审核。

宏观审核主要内容：一是与环境统计相关数据比对，校核区域污染物排放总量及行业排放结构合理性。二是各地区、各行业排放量数据排序比对，筛出异常值。三是对环境管理常用指标进行比对审核。宏观数据异常的，需追溯到具体普查对象进行修改完善。

微观审核主要内容：前期数据审核已对基础数据做了大量修改完善，本次审核重点：一是确保参与产排量核算相关指标的准确性；二是确保产排污环节及污染物种类核算的全面性，兼顾审核软件校核；三是对于纳入环境统计、发放许可证的普查对象，要逐家对比普查数据与环境统计。

说明：关于与环境统计数据对比问题，一是宏观审核，普查数据与环境统计数据比对的目的主要是保证普查汇总数据在合理数量级范围内，而不是要跟环境统计衔接。二是微观审核，普查数据与环境统计数据、许可证数据比对，要求基础数据要逐家逐指标比对，利用环境统计、许可证数据库校核普查对象基本信息的准确性，出现差异的要进一步核实。

各级要根据方案要求，开展数据集中审核。同时要做好联合审核，普查数据要充分征求环保部门内部各业务处室的意见，充分发挥它们的审核能力和责任。

充分利用现有环境管理数据校核，保证普查数据的准确性。有条件的地方，可以充分发挥政府各部门的作用。

3.1.3.2 具体审核内容

1）工业企业

（1）宏观审核：分为两大方面审核，一是排放量审核，二是环境管理常用指标审核。

①以下级行政区划为单位，对各类污染物排放总量进行排序比对，筛出数据异常地市。数据异常主要体现在两个方面：一是数量级与其他区域明显不同。二是与日常环境管理经验不符，例如，地域范围较小的区域某项污染物排放量反倒排在前列。

②与环境统计区域排放总量进行比对。差异较大的，追溯到企业，核实排放量核算是否正确。

③对各行业排放量进行汇总排序，与环境统计数据进行比对：一是行业排放量数据是否存在较大差异，二是行业排放量位次是否存在较大差异。

④区域废水废气污染物平均排放浓度校核。

⑤一般固废和危险废物。一是产生量和倾倒丢弃量，与环境统计数据进行比对，差异较大的追溯到具体企业进行核实。二是对于倾倒丢弃量较大的重点核实。

⑥对区域工业总产值，取水量，废水排放量，各类能源消耗量（G101 表中相关指标），锅炉台数、吨位、能耗，机组台数、装机容量、能耗、发电量、供热量，炼焦企业生产能力、煤耗、焦炭产量，烧结、球团企业生产能力、产量，熟料企业生产能力、产量、煤耗、石灰石用量等指标（G103 表中相关指标）汇总数据：一是以下级行政区为单位排序筛选异常值；二是与环境统计比对，筛选出差异较大指标；三是工业总产值、产品产量、能源消耗等数据与统计局相关数据进行比对。

⑦汇总指标合理性审核。取水量/排水量在（0.6～0.9）之间；总氮排放量＞氨氮；总铬＞六价铬；各类污染物产生量≥排放量。

（2）微观审核，即单个企业报表审核，重点关注以下几个方面。

①G102 表和 G103 表所有表格均关联了 G106-1 表，且根据系数手册和企业表格填报情况，核实是否所有污染物均进行了关联核算。

②进污水处理厂企业，按照报表制度要以污水处理厂出口浓度计算排放量。对于此类企业，核实常规污染物是否按照污水处理厂监测数据填报了 G106-2 表并按照监测数据核算了排放量。

③各类污染物排放浓度，与行业排放标准进行校核，是否超标严重。

④采用系数法进行核算废水污染物的，重点核实废水回用率计算相关指标。是否存在重复计算处理水量导致回用率偏高的问题。

⑤企业排放总量排序，筛选异常值。一是对产排放量排名靠前的企业比对环境统计，二是数量级与其他企业有明显差异的重点核实。

⑥部分重点行业大气污染物系数核算注意事项。一是烧结矿生产规模按单台烧结机的烧结面积选取，当生产负荷低于设计负荷的 80%时，按单台烧结机日产量重新校核生产规模；使用红土矿镍矿原料生产烧结矿时，其机头、机尾产污系数取值问题；球团矿生产工艺为竖炉法时分为大、中小两种规模，依据单台竖炉的公称面积进行规模划分，当生产负荷低于设计负荷的 80%时，按单台竖炉日产量重新校核。炼钢生产规模按单台主体设备的公称炉容选取。当生产负荷低于设计负荷的 80%时，按单台主体设备的日产量重新校核生产规模。二是水泥行业系数手册中分单独熟料生产、单独粉磨站、熟料生产+粉磨站三种生产类型分别做了系数。注意系数选取与企业实际情况的吻合，对于熟料生产+粉磨站类型企业，按照产品（选水泥）—原料（选钙、硅铝、铁质）—工艺名称（根据企业实际选取）—规模等级（根据企业实际选取）选取相关系数。三是在电站锅炉/燃气轮机额定出力小于 670 蒸吨/小时情况下，按“0.303×[电站锅炉/燃气轮机额定出力]（单位：蒸吨/小时）–11.348”公式估算对应的规模等级（单位：兆瓦）。670 蒸吨/小时以上机组容量按照实际装机规模等级（单位：兆瓦）确定。具体注意事项可仔细研读系数手册，仅从填报助手中无法获取相关内容。

⑦对于环境统计中存在的企业以及已发放排污许可证的企业，要逐家逐指标核对。尤其是电力、水泥、焦化、钢铁等填报专表的工业行业，电力企业的装机容量、能源消耗量、发电量、供热量、能源硫分灰分等，水泥企业生产能力、熟料产量、能源消耗及硫分灰分，焦化企业生产能力、焦炭产量、能源消耗及硫分灰分参数，钢铁企业的生产能力、产量、铁矿石和能源消耗及硫分灰分等基础指标要与环境统计中企业数据逐一比对，出现差异的要逐一核实修改完善。

⑧结合危险废物转移联单统计数据，核实危险废物相关数据。

2）工业园区

（1）比对《中国开发区审核公告目录》（2018 年版），防止园区漏填。同时要求，工业园区名称和代码按照《中国开发区审核公告目录》（2018 年版）统一填报。

（2）集中式生活污水处理厂和工业废水处理厂名称、集中式危险废物处置厂名称是否与集中式普查中污水处理厂、集中式普查中危险废物处置厂名称对应：通过统一社会信用代码或企业名称匹配；集中供热单位是否与工业源调查企业名称一致：集中供热与工业源 4412 和 4430 企业匹配。

3）生活源

主要是四个方面的审核：一是区域排放总量校核，二是生活源各类表格填报范围校核，三是人口、水量数据校核，四是报表间跨源数据审核。

（1）区域排放总量校核。

以地市为单位，一是比对环境统计中生活源排放量，差距较大的核实原因。二是指标合理性审核。废水产生量≥排放量，总氮产排放量＞氨氮产排放量，各类污染物产生量≥排放量。

以县为单位，一是对各类污染物排放量排序，筛选异常值。二是指标合理性审核。废水产生量≥排放量，总氮产排放量＞氨氮产排放量，各类污染物产生量≥排放量。

原因核实从两方面入手：区域人口、能耗等数据填报的准确性。对废水污染物来说，同时要核实集中式污水处理设施填报数据的准确性。

（2）生活源各类表格填报范围校核。

①对于济南、淄博、济宁、德州、聊城、滨州、菏泽七市，以县为单位，S101 表表格填报数量应＞S102 表表格填报数量。否则，核实 S101 表是否存在漏填或 S102 表存在多填报居民委员会情况。

②以县为单位对比 S102 表填报数量与统计、民政部门行政村数量，防止漏填。

（3）人口、水量数据校核。

①S201 表中全市常住人口：以地市为单位与统计局统计年鉴进行比对，差异较大的核实。

②用水量（万立方米）超出范围的重点核实。S201 表：50＜（指标 12+指标 13+指标 14）/（指标 15×365）×1 000＜200。S202 表：50＜（指标 5+指标 6+指标 7）/（指标 8×365）×1 000＜150。

③以地市为单位，S201 表中建制镇个数（20）+∑辖区所有县 S202 表中建制镇个数（13）与统计局统计年鉴中建制镇（乡）个数比对，差异较大的核实填报范围。

④各类生活源表其他基础指标汇总数据校核：排序筛选异常值。

（4）报表间跨源数据审核。

审核污水处理厂生活污水处理量、城镇生活污水排放量以及城镇生活污水处理量之间的关系是否合理。

审核污染物产生量、排放量与污水处理厂的污染物去除量之间的关系是否合理；对比 S102 表中填报“进入农村集中式处理设施的户数”的行政村个数与农村集中式污水处理设施的数量是否存在明显差异。

全市城镇综合生活用水总量应大于全市集中式污水处理厂的城镇生活污水处理总量，至少后者不应大于前者的 1.2 倍。

4）集中式

（1）对于各类集中式，要与环境统计数据库中数据逐家逐指标比对，出现差异的核实修改完善，尤其是污水处理厂的处理能力、污水实际处理量、处理生活污水量、用电量、污泥产生量等指标。

（2）要特别注意看错填报单位导致出现数量级错误的问题。尤其要注意污水厂能力以立方米/日为单位，处理水量以万立方米为单位，用电量以万千瓦时为单位。对于城镇污水处理厂、工业污水处理厂，可以筛选污水处理能力低于10的，如果出现个位数的数值，基本上可以判定填报时看错了填报单位，相应处理水量等数据一并核实。

（3）对各类污染物的去除量以下级行政区划为单位进行排序，污水处理能力或实际处理水量相近但污染物去除量差别较大的重点核实。

（4）一般农村污水处理设施的处理能力和处理量汇总数据不应该超过同区域的城镇污水处理厂汇总数据。城镇污水处理厂各项污染物去除量汇总数据一般不会小于农村污水处理厂的去除量汇总数据。

5）移动源

机动车：一是所有指标是否均填报。二是排放量与环境统计对比，有差异的进行核实。

其他移动源：可结合成品油销售统计数据进行区域审核。

3.2 其他特色审核方式总结

3.2.1 重点普查对象专家审核及现场复核

为把好重点排污单位数据质量这个重点，山东省在“重点审”上狠下功夫。一是充分发挥行业专家力量。为抓好排污大户数据质量这个重点，确保普查质量和效率，提升污染源普查科技支撑作用，2017年普查工作全面开展之初，山东省专门成立了污染源普查专家咨询委员会，设立普查专家秘书处，明确了专家咨询工作制度，为专家参与普查决策、解决污染源普查中面临的关键问题提供了平台。入户调查阶段及产排放量核算阶段，针对本省实际情况，筛选确定了3 486家重点工业企业，举办了 2 次省级集中会审，邀请省环境评审中心、山东大学、省环科院有限公司、省电力研究院等单位行业专家对 3 486 家工业企业的行业类别、生产工艺、原辅料使用、能源消耗、治理工艺等指标的完整性、全面性、准确性进行集中审核。二是充分发挥部门力量。组织省农业农村厅、省畜牧局派员到省普查办集中办公，对其负责的相关普查报表开展数据审核。三是充分发挥厅机关处室技术力量。邀请厅相关处室的重金属、固废、应急预案等方面业务骨干进行数据联合会审，多角度开展数据比对分析，确保数据经得起各方考验。四是做好重点企业现场复核工作。2019 年 6 月至 8 月，省普查办专门设计了现场核实表格，要求县（市、区）普查机构对 3 486 家重点排污企业进行现场核实。各区县普查工作人员冒着炎炎烈日，完成了对 3 486 家重点企业填报信息的现场复核，再次核对填报数据与企业实际情况的符合性。各市普查机构集中区县的同志，开展了一轮集中审核工作，并有重点地进行了现场复核。

3.2.2 现有管理名录比对，确保应查尽查

清查阶段，省普查办从省水利、地税、统计、工商等部门共计调取 191.4 万家企业名录信息，省级层面统一排重补漏、筛查整合后形成 61.4 万家清查对象参考名录，作为各市清查阶段现场摸排的参考，有效地保证了普查对象的全面性。清查工作结束后，我们也一直将普查对象名录，完善贯穿工作全过程，在入户调查开始前又将普查数据库与 12369 信访名录、散乱污清单、燃煤锅炉治理清单、重金属调查清单、工业聚集区清单等名录进行了比对。结合国家下发的《小微企业纳入判定标准》，对菏泽市曹县、临沂市兰山区木材加工、滨州市博兴县厨具加工等产业聚集区，集中开展产业聚集区小微企业纳入普查情况现场检查。2019 年 5 月，又印发了《关于开展山东省第二次全国污染源普查查漏补缺专项行动的通知》，完成了与“四经普”、电力、排污许可证、大气督查、重污染天气应急、行政处罚、环境统计、重点排污单位、环评审批、备案及验收等 21 类单位名录的比对，共计比对各类污染源调查对象 86.8 万个，结合国家逐步明确的小微企业纳入

标准，补充普查对象名录。比对的每家企业都要有是否应纳入普查的详细说明，部门、处室掌握的企业清单，只要属于普查范围的，要确保应查尽查。

3.2.3 各类宏观数据比对分析

不管是软件审核还是专家审核，工作主要集中在微观层面，重点是针对单个普查对象数据的合理性进行审核整改。但是我们一定要有清醒的认识，数据从微观层面来审核是基本合理的，这并不代表汇总数据就是准确的，比如说，辖区内的普查对象，从单个普查对象看，数据是符合逻辑关系的，指标间的关系是合理的，但它们填报的各项指标数据是偏低的，那么由这些数据加和得到的汇总数据肯定是不合理的。单个企业合理范围内的小的偏差汇总起来可能导致汇总数据大的偏差，而且微观层面的数据审核不可能穷尽所有普查对象。审核汇总数据的合理性，是通过各类汇总数据间的比对分析进行的，可以使我们跳出微观层面的局限，在宏观层面发现哪些数据有偏差、不合理甚至逻辑错误等问题，反过来指导我们进行微观层面的数据修改完善。这是数据质量提升的重要手段，也是后期数据发布后能够经得起各方面质疑的重要保障。2019 年 5 月底产排放量核算工作完成后，6 月 18 日，印发了《山东省第二次全国污染源普查产排污核算数据审核工作方案》，明确了汇总数据审核的内容及目标。2019 年 8 月底，国家要求开展数据分析报告编制工作，工作启动时，我们对于数据分析报告的定位或者说工作目标其中一条就是指导数据审核修改工作。所以，我们把分析报告的编制作为宏观数据审核的重要手段，跳出微观层面的局限，指导我们进行数据修改完善。我们开展了行业间、地市间结构合理性分析，还加强了与环境统计、源清单等系统内数据的比对，同时加强了与公安、发展改革、住建、统计等部门数据的比对。根据比对分析结果开展了多轮次数据核实，对于离散数据，符合当地实际情况的要做出书面说明，填报错误的要进行修改完善。尤其是对于集中式污染治理设施，由于集中式污染治理设施数量相对较少、目标比较明确，在比对分析过程中，省普查办要求各级普查机构开展一对一逐家比对分析，不管是区域集中式污染治理设施数量，还是单个集中式污染治理设施的建设能力、处理水平与现有数据不一致的，要逐一说出原因，写明理由。2019 年 12 月，召开了省普查领导小组有关部门联络员参加的数据审议会议，对数据进行了集中审议，省发展改革委、省公安厅、省住房城乡建设厅、省交通运输厅、省农业农村厅、省能源局、省畜牧局等 9 个部门参加了会议，对普查数据给予了充分肯定。

3.2.4 在线监测数据规范性整理

前期数据审核过程中，发现部分在线监测数据异常低，为了规范在线数据，剔除在线数据异常低值，客观反映辖区，尤其是重点行业产排放情况，经与厅监测处、省生态环境监测中心对接，制定了电力、热力生产和供应行业废气量、二氧化硫、氮氧化物、颗粒物的最低限值，下发了《电力、热力生产和供应行业在线监测数据校核要求》，要求各市对低于限值的监测数据进行校核，校核后不能满足普查技术规范使用要求的，使用系数法核算污染物排放量。

3.2.5 异常数据筛选，消除低级错误数据

多年环境统计经验显示，“低级错误”经常出现，而且多数出现在管理不规范的小型企业身上，这种数据一旦出现将导致汇总数据出现数量级错误，对数据质量产生灾难性毁灭，数据质量管理功亏一篑。出现这种问题的指标，通常是数据计量单位比较高的指标，比如一个指标可以用万吨进行计量也可以用吨进行计量，以万吨为计量单位比以吨为计量单位更容易出现填报问题。另外，如果设置的指标计量单位与行业、常规计量单位有出入，同样也会导致此类问题出现频率较高，影响数据质量。所以 5 月底产排放量核算工作初步完成后，山东省普查办就立即着手对各类源全部汇总指标，尤其是产排放量数据及日常环境管理关注的相关指标开展异常数据筛查。2019 年 6 月，省普查办共下发 6 批次异常数据清单。但是随着后期数据审核工作的开展，异常数据经常随着数据核实修改不断冒出，为了防止新的异常数据的出现，数据审核修改过程中，省普查办会对辖区汇总数据定

期开展异常数据筛选。尤其是数据库封库前几天，组织专人对汇总表中数据每日筛查。

3.3 经验总结

前面章节中提到的数据审核相关做法，实际上已经涵盖了很多经验在里面，本节中对上节中已经阐述的内容就不再赘述了，主要谈谈相关心得体会，对上面内容进行补充完善。

3.3.1 如何充分发挥基层普查机构主动性

质量控制是各级普查机构共同的任务，而且只有基层普查机构主动性被充分调动起来，质量控制才能真正见效，落到实处。一是落实责任。入户调查阶段，根据国家统一部署，各级普查机构均设立质量负责人，我省要求由普查办负责同志担任质量负责人。在数据汇总分析阶段，虽然在线填报系统可以查看各级普查汇总数据，但是本省在汇总分析中后期让各市以正式文件形式上报了 3 次全市及下辖县（市、区）普查汇总数据，目的是让各市普查办详细分析全市及各县（市、区）数据合理性，让市生态环境局负责同志对普查数据有了解、有把关，推动质量控制责任的落实。二是打破信息孤岛。在保障数据安全的前提下，召开各市生态环境局负责同志及普查办主任参加的数据研讨会议，研讨各市汇总数据合理性，让各市明了自身普查汇总数据在全省的排名，分析数据合理性。

3.3.2 专家、部门力量的发挥

污染源普查工作涉及不同领域、不同行业，普查对象间差异性非常大，仅工业源就涉及 41 个工业行业。普查机构的技术人员不借助外力，仅靠自身力量想要对各类源进行全面审核是不可能实现的，因此专家会审、部门或处室间的联合会审就显得尤为重要。要做到数据质量的全面提升，就必须发挥行业专家及相

关部门、处室的力量。普查数据审核或者质量控制不是闭门造车，应该是开放式的、敞开式的，工作过程中不怕暴露问题，越多问题的暴露意味着数据质量控制越有效。

3.3.3 数据审核结果处理

在普查工作的前期阶段，难以避免地存在一些暂时无法解决的问题，如产排污核算环节或系数缺失以及填报系统 BUG 问题等。此时，应将“为用而查”作为基本原则，数据的填报及审核修改应反映实际排放情况，避免单纯为了通过审核而选择不恰当的核算环节或系数。数据审核阶段，我们开展了软件审核及多轮次集中审核，数据质量已经得到了很大提升，到汇总分析阶段，我们与系统内外的各类数据进行了比对，不仅仅有排放量的比对，更有产能、产量、水耗、能耗、装机容量等各项基础指标的比对。经过各级各类质控和层层把关，各类数据之间基本实现了逻辑自洽，不能盲目进行数据修改，要客观分析差异原因，这也是遵守《统计法》相关规定的正确做法。如何处理数据差异问题呢？首先一定要保持数据的客观性。数据比对分析的最终目的是修正自身的数据问题，不是要往哪套数据上靠拢。但是数据间存在数量级差异的要重点核实，这种情况一般是有一套数据出现了前面讲到的“低级错误”。

3.3.4 高度重视普查档案的收集整理

建立污染源普查档案是普查工作目标之一，污染源普查文件材料作为普查成果的集中体现，是检验普查工作质量的重要凭证，对于实行生态环境管理和决策科学化，完善环保大数据建设具有重要价值。除了上面的重要性以外，作者认为普查档案完整性、规范性也是质量控制的一个重要方面，档案工作是核实普查对象指标填报准确性的一个重要方面和便捷方式。关于档案工作的重要性工作开展之初就要高度重视，关于档案整理，一是要做到边工作边收集边整理，尤其是牵扯清查和入户调查阶段普查对象档案资料，如果入户时收集完整，一方面可以减少入户次数，另一方面在数据审核阶段，很多核实工作就有据可查，这样不仅可以减轻普查员和普查对象的负担，也可以提高工作效率。二是规范档案目录。普查员入户任务无非两项：指导普查对象填报普查报表、收集整理档案资料。但是普查任务繁重，聘用的普查员数量也比较庞大，仅本省入户调查期间就聘用了 3 万多名普查员，普查员专业水平不一，为了保证档案资料收集完备性，最简单有效的办法就是制定详细的档案目录，普查员对照目录收集整理。例如，济南市高新区普查办在入户调查阶段设计了普查表格筛选单、佐证材料筛选单。普查员与企业一起进行普查表和佐证材料的筛选和收集，由普查员—普查指导员—普查第三方—质控第三方—普查办多级按序审核，然后收集质量控制单，最终形成高新区的工业源普查档案。

3.3.5 重视普查人员素质提升，确保一手资料的准确性

要想做好普查工作，普查员和普查指导员的素质是重中之重。需要加强对普查员和普查指导员的前期培训，重点是学习污染源普查知识，掌握普查信息采集、核对、录入、产排污核算、分析汇总等各种工作技能，还要掌握与企业的沟通技能。要有好的制度，保障普查体系的高效运行。边审核、边答疑、边培训指导的工作模式，将审核结果进行集中反馈，对发现的问题进行现场指导，效果明显。

4 结 语

随着现代信息技术的发展，当今世界已经进入由数据主导的“大时代”。2012年5月，联合国发布大数据政务白皮书“Big Data for Development：Challenges & Opportunities”，标志着大数据领域的研究已提升为世界战略。2013年7月，习近平总书记在中国科学院考察时指出，大数据是工业社会的“自由”资源，谁掌握了数据，谁就掌握了主动权。2015年8月，国务院发布《促进大数据发展行动纲要》，大数据上升为我国国家战略。与此同时，生态环境也进入大数据时代。习近平总书记指出，要推进全国生态环境监测数据联网共享，开展生态环境大数据分析。李克强总理强调，要在环保等重点领域引入大数据监管，主动查究违法违规行为。2016年3月，环境保护部办公厅印发《生态环境大数据建设总体方案》，提出在未来五年内通过生态环境大数据建设和应用，实现生态环境综合决策科学化、生态环境监管精准化、生态环境公共服务便民化，从政策层面对大数据应用于环境管理领域提出了要求。由于我国生态环境保护工作起步晚，在数据知识更新、数据挖掘分析、大数据共享机制与能力建设等方面还存在不足。

第二次全国污染源普查数据是生态环境大数据的重要组成部分，也是唯一一项可以为环境管理决策提供全面的污染源清单以及年度实际污染物排放量的一项重要基础工作，如果不对数据开展质控措施，没有对数据的真实性、可靠性进行审查和深入分析，容易出现系统偏差，对决策管理形成负面影响。数据审核是数据质量控制的重要方面，是普查数据科学支撑环境管理的重要前提。本书对山东省第二次全国污染源普查数据审核工作进行了总结，很多想法和观点是在工作过程中逐步形成和完善的，希望可以对其他领域数据审核工作提供参考。在数据审核过程中，我们也遇到了缺乏生态环境大数据和环境管理兼通的复合型人才、填报主体不配合数据修改等相关问题，这些应该也是其他类普查或调查工作会遇到的，而且需要不断提升的方面。经过多轮数据审核完善，山东省顺利通过了国家质量核查及第三方评估，已经在排污许可证核发、“三线一单”编制等工作中得到了初步应用，按照“精准治污，科学治污，法制治污，推动生态环境质量持续好转”的工作目标，将对生态环境管理的精准化决策提供支撑。